看脸

"看脸"的世界，我们到底在看什么

华沙——著

CNS PUBLISHING & MEDIA 中南出版传媒
湖南文艺出版社 HUNAN LITERATURE AND ART PUBLISHING HOUSE
博集天卷 CS-BOOKY

图书在版编目（CIP）数据

看脸 / 华沙著. — 长沙：湖南文艺出版社，2016.10
ISBN 978-7-5404-7796-7

Ⅰ. ①看… Ⅱ. ①华… Ⅲ. ①心理学-通俗读物 Ⅳ. ①B84-49

中国版本图书馆CIP数据核字（2016）第226338号

上架建议：心理学・通俗读物

KAN LIAN
看脸

作　　者：华　沙
出 版 人：曾赛丰
责任编辑：薛　健　刘诗哲
监　　制：毛闽峰　李　娜
特约策划：钟慧峥　张园园
特约编辑：马玉瑾
营销编辑：贾竹婷　雷清清
装帧设计：仙　境
出版发行：湖南文艺出版社
（长沙市雨花区东二环一段508号　邮编：410014）
网　　址：www.hnwy.net
印　　刷：北京盛通印刷股份有限公司
经　　销：新华书店
开　　本：700mm × 995mm　1/16
字　　数：196千字
印　　张：19
版　　次：2016年10月第1版
印　　次：2016年10月第1次印刷
书　　号：ISBN 978-7-5404-7796-7
定　　价：45.00元

质量监督电话：010-59096394
团购电话：010-59320018

前言

这是一本关于面孔的书，关于心理学家、神经科学家探索人类识别、了解面孔的书。虽然说只是“看脸”，但背后的原理并不像书名一般简单粗暴，以至于我要花如此篇幅介绍两个看似简单的问题。在本书内，我尽我最大能力为大家做好两件事情：第一是展示一些研究面孔中已发现的现象；第二就是阐明在这些现象背后科学家已知的原理。

我也和你们一样，对我们身处的这个“看脸的世界”感到好奇。作为一位研究大脑对面孔认知的科研工作者，我既兴奋又紧张：兴奋于可以站在巨人肩膀之上俯瞰科学成果；紧张于我深刻理解前人研究的艰辛和犀利，知道推进对于大脑的理解是有多么困难。不过科研是美丽的，在穿过光荣的荆棘路之后，风景和感受都让人舒畅。在此，让我们稍稍略过科研的困难部分，放眼于科研的美丽，一起享受和了解关于面孔的科研成果。

这本书的结构不复杂，内容都是以章节形式排布开，你很容易找到自己感兴趣的内容。具体章节内，我会一一解释大问题下的几个小问题。在一些小问题上，实际的结论都需要至少上百篇研究作为理论支持，而这几百篇论文可能合在一起还没有把问题解释清楚，仍待我们继续探索。这就是科研的魅力，在未知海域寻找宝藏。希望我在每一小节的叙述能让你一览科学所发现的瑰丽宝藏，至少也能丰富你的生活。

第一章大致描述了面孔到底能够传达什么信息，这是一切的开始。在第二章我大致介绍了我们面孔的构成和生理学意义上的特征，假如没有灵巧的面孔，我们又怎能传情达意？第三章是关于其他动物对于面孔的认知，在这颗星球上，我们并不是唯一读懂面孔的幸运儿，不少可爱的动物会和我们一样依靠面孔生存。第四章可能难度比较大，大体介绍了大脑怎么处理接收到的面孔信息。第五章介绍了我们如何识别别人的身份，倘若不能依靠面容分辨朋友和陌生人，生活会挺麻烦。

后面的几章算是我个人的科研“主场”，都是我兴趣所在。一开始吸引我进入面孔研究的是表情识别——每一位学习心理学的学生都会经历“想要学会读心术”的过程，我也不例外。不过事实上，对于表情的阅读，大脑费尽了心思，这会在第六章具体为大家阐述。反正“读心术”我没有学会，却意外地进入了科研的世界。后来，吸引我的是面孔的各种社会特征——美丽的面孔之所以让我们倾心，不只是因为一些数学和结构上的美丽，还在于其背后的生理学意义，以上会在第七章向你介绍。

在书的最后，我还写了一篇个人意义很强的结语，并附上了所有引用文献。希望每一位读者能带着问题来，拿着知识去。我研究资历尚浅，难免有所纰漏，望大家不吝赐教！

现在，我们一起来探索一下这个看脸的世界吧！

目录

Contents

1 Chapter 我们阅读面孔的时候，到底在看什么？

2 Chapter 看脸的“历史”

3
Chapter

动物“行星”

4
Chapter

大脑“眼中”的面孔

5 Chapter

面孔与身份：“你是谁？”

Chapter

诉说“情绪”的面孔

7 Chapter 这是一个什么样的人

1

Chapter

我们阅读面孔的时候，到底在看什么？

阅读面孔这项看似与生俱来的能力也许对你来说从来不是个值得思考的“问题”，可它却吸引了越来越多的科学家挖掘其背后的奥秘。是什么吸引了他们呢？

每个人都能够判读他人的面孔，都是“面孔专家”：你可以轻松分辨身边坐着的这位是不是你的恋人，只要专心，你也能够推定他（她）的心情是好是坏；你可以毫不费力地“寻找到”貌美的异性并且盯着看，你也可以在“探测”到对方目光之后别开眼睛“装作看风景”；你可以通过面孔替朋友挑选“最好看”的相亲对象，你也能轻松地在打车软件上推荐“最靠谱”的司机。这一切在生活中随时随地都可能发生，你注意到自己如此“厉害”的分析能力了吗？

阅读面孔这项看似与生俱来的能力也许对你来说从来不是个值得思考的“问题”，可它却吸引了越来越多的科学家挖掘其背后的奥秘。计算机（比如机器学习以及计算机视觉）科学、认知神经科学、神经科学、发展心理学、社会心理学，甚至行为经济学的学者们正乌泱乌泱地拥进“面孔”研究。是什么吸引了他们呢？

阅读面孔可以说是人类不需要学习却发展最充分的一种能力，从社会交往及人类进化角度来说，它也是一项至关重要的能力，更是深入涉及大脑活动的一种行为。通过研究面孔，计算机科学家可以提升机器学习的效率；认知神经科学家可以理解视觉、认知以及人际交往的处理方法和秘密；神经科学家可以探索大脑对于复杂、多层次信息的特别处理方式以及大脑的构成；发展心理学家可以了解儿童的社会化以及智力的“成熟”过程；社会心理学家可以寻找人际交往和第一印象的暗中联系；而经济学的学者甚至能从中搞清楚复杂的经济模型。

对于科学家而言，阅读面孔是一个宝藏。那么，我们普通人也有了解它的必要吗？常言道“察言观色”，正是在告诉我们读懂别人的面孔挺重要的。尽管我们并不是科学家，也不需要和他们一样在实验室研究面孔，但并不妨碍我们通过他们的发现去理解面孔，了解我们每个人都拥有的“专家级”社交能力。所谓“知己知彼，百战不殆”，就让我们一起看看对于面孔我们到底了解多少吧。

雷蒙德·卡佛在他的小说集《当我们谈论爱情时我们在谈论什么》里通过速写一般的短篇小说表达了他对爱的理解。在这里，我也想借用这个标题的句式，谈一谈我们看到一张面孔时，我们到底看到了些什么。

通过面孔，我们能察觉什么？

无论是嘈杂的地铁站台上，拥挤的餐厅内，还是人潮翻涌的商场里，无时无刻不在发生着一件事情，那就是寻找一个人：第一次约会需要在站台寻找到对方，要是找不到就会把姑娘气走；室友在食堂给你占了座，要是找不到室友的面孔只能站着吃；去幼儿园接自己的孩子，你也得从一群小朋友里面准确找到你的宝贝，不然你可能就要被扭送到有关部门。判断“看到的面孔属于谁”，对大多数人来说不费吹灰之力。甚至你可能从来没有意识到这还能成为一个问题。

然而，当你没法识别出重要的人的面孔时，问题就来了。希腊悲剧中的俄狄浦斯，在听闻预言自己将杀死父亲的阿波罗神谕后，为了保护养父母的安危，离开了熟悉的城市。然而在他流浪到底比斯城的时候却误杀了自己的亲生父亲，亲自践行了自己的厄运。要是俄狄浦斯在神谕里能提前知晓亲生父亲的相貌，这一场悲剧没准儿就可以避免。谁让俄狄浦斯没有识别出他的相貌呢？

判断出迎面走来的人是谁，仅仅是阅读面孔的开始。随着“他是谁”的信息在你脑中出现，随之出现的不只是他的名字，还有你对他的记忆。葛优是国内最顶尖的喜剧演员之一，许多年前，早已以笑星身份成名的葛优饰演了一部历史正剧中的角色，虽然角色很严肃，然而观众一看到他，还是不自觉地笑了起来。他在剧中越严肃，大家笑得越开心。观众一旦在内心判断出“这个角色由葛优饰演”，他们就会回忆起有关葛优这位优秀喜剧演员的喜剧演出片段。尽管观众们并没有在生活中接触过他，但仅凭之前的观影经验，观众们就能知道他是个幽默、有趣、能轻松令观众捧腹大笑的人。正是这些有关情绪的记忆让我们“无视”他对这个严肃角色的精彩演绎，依旧选择捧腹大笑。我们对于他人的记忆、情绪，甚至遥远的故事，都会在认出他的那一瞬间迸发。

我们不光可以轻松辨别“他是谁”，我们还能同时辨认出“他有什么意图”。小时候，一旦考试成绩公布，相信很多人都会听到父母说：“你这次考得不错啊！”然而，你的父母是真的在夸奖你吗？只要瞥一眼他们的表情，你就知道接下来即将面对的是好吃好喝，还是铺天盖地的批评。

就像我们拥有能够迅速判断身份的能力一样，我们也拥有迅速判断他人情绪的能力。当我们看到“害怕”表情的时候，我们的大脑会自动分析和理解这张面孔所传递的信息，甚至会把更多的注意力投放在这样的面孔之上。就如Rose（露丝）和Jack（杰克）在泰坦尼克号上注定相爱一般，对面孔所传递出的不同情绪进行判断对你来说可谓“无法抗拒”。

面孔能传递信息的丰富程度远超我们的想象：通过一瞥，任何人都能判断对方是谁、脸上是什么表情、在看哪里、适不适合交往等等。那么我们到底可以从一张脸上得到什么信息呢?

身份和表情是面孔传递出的最为基本的信息。我们首先可以确定对方是认识的人还是陌生人。举一个小例子：我相信你绝对不会把对女朋友说过的情话一模一样、一个语气地说给传达室的大爷。针对不同的人，我们不自觉地运用不同的方式来交流。

表情情绪可以透露出对方对某件事情的态度。班主任板着面孔训人的时候，你肯定不敢开小差。然而，当我们眼前出现一张充满支配力的、健壮男性的面孔，你的大脑可能就会运转起来，通过他的表情来判断他是善是恶：如果他正带着温和笑容凝视远方海鸟的话，我们不会感觉到害怕；但是如果他带着狞笑看着我们，就算你胆子大，相信也会感觉到一丝寒意。

面孔与眼神朝向在社交中也很重要，通过分析它们，我们可以判断对方到底在注意着什么东西。在夹娃娃机面前，如果你不能准确判断女朋友盯着哪个娃娃，你怎么去赢得她的芳心呢？不少动物因为没有办法识别其他动物的眼神，所以难以实现“跨物种”交流；同样，对于部分人类，由于发展缺陷（比如自闭症光谱）导致眼神的交流理解困难，不只会让他们无法融入社会，甚至会让他们没法学习。倘若眼神不再重要，凡·高的自画像也许就不再摄人心魄。

除了眼神，唇语阅读也是一个关键的面孔识别“任务”。虽然大多数人并不是唇语专家，但在不经意间，我们经常需要用到它。我也不是唇语专家，然而在一次看电影的时候，音画不同步让我感觉浑身不对劲。后来我才知道，正因为唇语阅读在暗中进行，所以它和画面的时间差让我不自觉地感受到了一种不自然。在生活中，唇语阅读也有作用：在吵闹的宴会上，如果你听不清楚其他人的话，只要能注意到对方的唇语，你依然可以主动集中精力和对方好好聊天。

当然面孔的认识不止这几点，对方的性别、大体年龄、肤色、对称性以及许许多多的第一印象也在此范畴内。第一印象包括了人的吸引力程度、可信赖程度、支配力、健康程度等等。各种层次的第一印象主宰了我们的感受，也决定了我们交流的方向。前几年有一个社会新闻，尽管事情令人啼笑皆非，我们却能管中窥豹，了解面孔吸引人的程度有多高：一起车祸中车子被撞的那位司机怒气滔天，想要找肇事司机理论，然而当他发现肇事司机是一位美貌的姑娘时，他不但不要求赔偿，还替她说话，“谁让她好看呢”。倘若这位肇事司机长相一般，整件事可能就是另一番景象了。这样的例子比比皆是，对于社会特征的判断潜移默化地影响着我们。

在某种程度上，明星代言的广告都利用了我们心中对于这些明星的记忆：时尚服装会由最符合品牌特性的明星代言；化妆品广告大多由美貌、有气质的女星展示；运动服装应该是体育明星的代言主场；商业以及金融的广告则往往会选择中年沉稳的表演大师代言。美貌、可信赖程度、男性化或女性化的程度也会在面孔识别中成为我们考量对象的标准。虽然它们不如身份或者记忆那么显著，但是这些关乎社会性的特征（social traits）常常会在暗中发力，有时还会干扰到我们的判断：在法庭上，被告的美貌竟然与最终量刑轻重有关，被告越美，量刑会越轻。看来美貌不光能让一个人赢得恋人的青睐，还能让他获得社会的“谅解”。

短短一瞥，海量的“运算”就在你内心展开，各方面的判断都会左右你的决定。我们可以从面孔中得到这么多信息，它本身就是最为特殊的信息。

面孔是最为特殊的信息

但凡我们说一个“事物”在心理学上有重要性，那么它很有可能具有以下三个特征：有进化上的意义，有社会交往的意义，并且需要大脑特殊处理方式。面孔毫不含糊地占全了这三种重要性，它的重要性显而易见。

面孔在社交中的重要性，在读到本书之前，也许你根本察觉不到。就好比我们往往要在肌肉拉伤的时刻，才能通过肌肉的疼痛体会到它的作用。对绝大多数健康的人来说，面孔识别与生俱来，很难体会到它有多重要。要想了解面孔在生活中的意义，我们不妨接着看例子。

设想我们正身处这样一个场景：你是一位原始部落的猎手，这一刻你正跟随着几位猎手捕猎野猪。经过一个夜晚的追捕，受伤的野猪已经达到了它的生理极限。你们按部就班，暗中包围了受伤的野猪，只等族长授意。你们需要沟通很多捕猎的细节，却不能发出声音惊吓到猎物。在那个没有手机的原始年代，“无声的沟通”是否可行？答案是肯定的——只要互相瞥一眼，你们就能判断对方是不是自己人；只要点一点头，你们就能够了解到其他猎手也在等待这个时机；只要微微一笑，你们就能知道所有人都准备好了；只要一个眼神，你们就知道应该冲锋了。你们连身体都不用动一下，就能够无声地交流信息，就是这么简单。面孔是一种最为重要的非言语类社会信息来源。正因为拥有了社会价值，所以面孔在我们人类的进化历史上至关重要。

也许你不觉得面孔有什么特殊之处：包含多层次信息的事物很多啊，为什么面孔最重要？

我有一位从事汽车行业的朋友，看汽车可以说是他每天最重要的工作。他看汽车和我看汽车完全是两码事，汽车对他来说就像面孔对我来说一样重要——每一辆汽车都蕴含着方方面面的信息，无论是汽车的品牌、哪一年哪一代的款式、磨损情况、需不需要保养，甚至司机的驾驶风格，他只要花上一两分钟观察，就能看个八九不离十。面部识别和汽车识别既有相似之处，又有巨大的区别：面孔传递了许多社交的需求，是我们生活中必不可少的一部分；进化的压力让我们负责面孔识别的专属脑区活跃起来，久而久之，一套独特的面孔识别法便形成了。那么，为什么我们没有进化出针对汽车的识别法？因为汽车出现在近代，无法辨别各类汽车并不受到人类进化的驱使，因此并非每个人都会拥有一套专用于汽车的识别法。总而言之，我们的大脑会帮助我们挑选“进化课程”——识别不清楚汽车不要紧，但是识别不清楚面孔会带来很大的麻烦，在进化的驱使下，识别面孔成为人人都要学会的“必修课”，识别汽车就只是汽车行业从业者的“选修课”了。

面孔的特殊不仅在于每天我们都要和它们打交道，也在于面孔本身对于人类就无与伦比：在吸引力方面，研究发现，新出生的小婴儿更喜欢看面孔，它们不仅吸引人的注意力，还几乎能传递人际交往中所有重要信息。在识别方式方面，我们对于面孔的识别方式与其他的视觉识别截然不同，在“硬件（大脑区域）”方面，面孔识别会使大脑内广泛分布的多个系统协同工作，在“软件（大脑处理方法）”方面，大脑对面孔的解码也随着“硬件”的增多而更加复杂。在独有性方面，有的病人即便有着极为严重的大脑损伤（几乎不能辨识生活中的物体甚至文字），但由于某部分大脑区域完整，他依旧能够判断面孔。多个方面的实例都告诉我们，同样是视觉刺激，面孔的重要程度和复杂程度都远超其他物体。

我们会分辨不了面孔吗?

做算术题时，倘若你的状态不好，就可能会做错。在判断面孔身份的时候，我们也可能受到各种干扰：身体很疲倦，无法集中精力、采光不好、面孔看不清楚、对方化了浓妆，导致完全分辨不清……这些情况比比皆是，但是往往可以通过反复观察、询问以及揉眼睛等方式化解。大体而言，正常人对于身份的判断是没有问题的。然而，我们身边依旧有不少人感觉自己总是“脸盲”：比如有时候分不清楚新认识的朋友，看一部多主角新剧认不全演员……

这种困扰过很多人的“脸盲”，在学术上被称为面孔失认（prosopagnosia；源自希腊语 prosopon，面孔；agnoisa，无法辨认），特指无法通过面孔判断他人身份的一种症状（尤其是熟悉的人）。

认不清整容后的韩国明星，分不清白百合与王珞丹这种长相相近的明星，并不算是面孔失认。真正的面孔失认发生在判断熟悉的人的情况下：它的实际根源还是大脑——因为识别面孔太过特殊，大脑采用了特别的方法（与识别物体共用了基础的处理通道，同时“聘请”了不少独特的区域）。

面孔失认这一种问题往往贯穿一生，并且目前还没有彻底的解决方法。有面孔失认的群体无法识别或者记住他人的身份，比如说提到周杰伦他们脑海中浮现不出周杰伦的面孔，也没法在一堆照片中找到周杰伦。他们的问题不在于态度、记忆或者识别方法，而是在于他们不能像普通人一样理解面孔。事实上，有着面孔失认症状的人大多记忆力与正常人无异，智力也没有差距。他们的问题反映了面孔的特殊性：对于面孔的“记忆”可不像记住一件事情那样简单，它需要调动独特的处理模块。倘若处理面孔的这一模块出了问题，这个人就记不住面孔，但是他依然能够记住如何骑自行车、记住朋友的生日。面孔失认症分为两类：一类是获得性，出现较少，往往伴随脑损伤；另一类是先天性，这一类在生活中比例很高，也是我更希望着墨之处。

最早进入科学家视野的面孔失认症是有大脑损伤的病人。在大脑因为外伤、中风，甚至是为了治疗癫痫而切除一些组织之后，有一些病人汇报了一种特别的症状：我分不清楚自己熟悉的人了，面孔于我而言突然毫无意义。这一些患获得性面孔失认症的病人有着不幸的经历，却成为最先进入研究视野的面孔失认症患者；但是他们并不具备足够的代表性，因为脑损伤可大可小，很多暗藏的问题都能导致面孔识别障碍——是不是他们的眼睛不好了呢？或者视觉功能由于脑损伤失调了？不，他们可以分辨两辆汽车的差异，也可以区分自己家的楼房与别的房子。他们仅仅无法识别面孔。

一组对退伍军人的研究发现，患者们的脑损伤导致了严重的面孔识别障碍：有人既分辨不清楚他人是谁，也没法准确汇报他人的情绪。他们的障碍不局限于面孔的身份判断，不过也算是面孔失认症。他们的问题的根本就是大脑的损伤，损伤部位往往包括大脑颞叶下面的一些组织（大约在耳朵那个区域）。根据Haxby（哈克斯比）教授对面孔识别神经模型的研究以及Kanwisher（坎维金）教授对面孔身份识别区域进行的大量实验，这些病人的损伤区域包含了识别面孔所必不可少的大脑功能区。好比电脑USB读卡器卡槽损坏后再好的电脑也读不了U盘一样，对于这些可怜的病人而言，阅读面孔简直如登天般困难，更别提精确识别了。

相比极少数的因脑损伤而面孔失认的人，我在这里更想谈一下更为常见的先天性面孔失认者。其实我们身边有不少并没有大脑外伤，但依然不能分辨熟悉面孔的人。为什么他们会和脑损伤病人一样有面孔识别障碍呢？原因也是在于大脑——他们大脑中梭状回面孔区（负责面孔识别的大脑区域）的发育有小小的缺陷，这使他们不能理解面孔的身份内容信息。相比获得性面孔失认症患者，先天性的失认症症状更“纯正”，只限于身份的判断方面，判断面孔的情绪对他们来说并不存在困难——他们可能没法判断几张照片里谁是周杰伦、谁是周星驰，但是他们可以准确分辨谁在笑、谁在哭；他们也可以准确判断照片里肖像画的性别、大致年龄。

罹患先天性面孔失认症的人群数量其实不小，有国外研究指出他们大概占总人群的2.5%，但是在我们中国的数据现在尚不清楚。每位失认症患者的失认程度不一样，很多人依旧可以通过口音、发型，甚至判断服装的方式辅助记忆他人，生活不会受到严重影响。正因如此，面孔失认在国内一直因为“不明显”，所以没有受到足够的重视。

虽然有文献指出，这个问题可能来源于家族遗传，也有一些学者猜测面孔失认症是由于学习语言文字导致功能区被抢走，不过，有面孔识别困难的人依旧可以依靠许多方式进行正常的生活。首先，先天性面孔失认症的原因是大脑发育问题，但是问题一般只存在于面孔的身份识别，不存在于其他功能，而且大多数人其余大脑区域没有问题，所以不必担心自己的大脑是否异常；其次，很多面孔失认的朋友照样可以识别他人的面孔，因为他们采取了别的方法辅助识别，比如说有的人可以利用局部识别的方法判断对方的身份，实际表现完全看不出来差异，只不过在认识陌生人的时候需要多花些气力。

到目前为止，学术界还没有找到能给面孔失认症患者帮助的药物。科学家们都建议面孔失认症患者通过其他方式提高面孔识别能力，比如发际线、发型、眼镜、口音、身形等等。

面孔失认对很多人来说不是疾病，很多人甚至从来没有注意到自己有这样的困扰，只是觉得自己“记性不好”，所以没有得到与阅读障碍（其实在国内阅读障碍也没受到足够的关注，这样的孩子往往会被想当然地认为不乖、不认真，或者愚笨）这类表现明显的问题同样的社会关注。教育部门从幼儿园开始就培养孩子集中注意力和数学运算能力，但是“如何准确识别他人面孔”似乎从来没有进入过主流视野，这样的差别对待也是导致面孔失认不被大多数人知道与理解的原因。

总而言之，我们对于面孔的判断并非永远准确：发育问题以及大脑损伤都可能严重影响我们判断“别人是谁”的能力。如果你身边有不太能分辨清楚他人的朋友，希望你给他更多帮助。

面孔真的挺特别

如同前面写的：面孔本身拥有分离的多层次信息，比如身份与情绪。针对它们包含的不同信息，大脑将“派遣”不同的脑部功能区对它们进行处理和理解，至少对于身份有着独立的处理模块。当我们在阅读面孔的时候，我们的大脑真的是在开足马力工作。正因为大脑对于面孔特别的处理方法，所以我们可以从一张面孔中得出如此多的信息。

没准儿你看到这里会提出如下问题：为什么我们的大脑可以理解这么多信息？大脑到底怎么加工这些信息？大脑怎么理解美貌与可以信赖的程度？通过了解大脑的工作原理，我们能不能提升我们的生活，改变我们的第一印象？下一章节，我们将会揭晓这些问题的答案。在一切开始之前，我们不妨先了解一下我们每天熟悉的面孔到底是怎么“出现在我们脸上”的。

Chapter

看脸的“历史”

面孔是社交中最重要的信息来源。每个人都有一张独一无二的面孔，我们的面孔到底是由什么组成的呢？

有不少人说，当下是个“看脸的时代”，但是事实上人类已经“看脸”上万年了，我们绝大多数人都有看脸这一“专长”。毕竟在生活中与人交流的时候，我们很难不受到面孔的影响。

在我看来，我们的面孔识别要运转，需要一系列的先决条件。第一，我们要拥有良好的视觉，比如蝙蝠的视觉很弱，自然也就无法看脸；第二，我们的面孔要能够承载信息，如果大家的面孔都僵若面具，再分析也分析不出所以然；第三，我们分析面孔的能力要持久有效，如果我们不具备一套相对稳定的分析“方法”，那么看脸的效率似乎也不高。所以，在谈面孔识别之前，我们要先谈一谈面孔本身。科学研究表明，面孔是社交中最重要的信息来源。每个人都有一张独一无二的面孔，那么，我们的面孔到底是由什么组成的呢?

在此之前，我想先提一位科学巨人，那就是达尔文。在其1859年的巨著《物种起源》里，达尔文根据他对多种动植物的研究、结论，提出了所谓“自然选择”的假说：对于一种生物而言，无数的个体有着相同或者不同的基因；在这个种群中，一部分有着一些特殊基因的个体由于更加适应当时的环境从而有条件更好地繁殖，在这种“自然选择”之后，种群中某些基因的比例产生了变化；在无数代繁衍之后，由于这种基因上的变化被不断强化，这种生物的某种生理特征也就产生了一定的变化。自然选择不见得能选出最完美的种族，但绝对会选择出最适应环境的特征。人类也是自然选择的一个佐证，我们这张灵巧又蕴含了无数信息的面孔上，处处都有着历史的痕迹。

感觉器官的聚集之处?

面孔本身的出现并不是为了能够被同类识别，而是为了让感觉器官（五官）最有效地接收信息。那么，为什么五官是这样排布?

从演化的角度来看，所有的动植物都有着共同的祖先——单细胞生物。不过，我们的单细胞祖先肯定没有面孔。面孔这样的东西，很显然是从多细胞动物才开始拥有的。面孔的产生不是心理学的研究内容，那我们还是从和我们相近的脊椎动物开始。我们有时会调侃脸长的人长着一张“马脸”，这个比喻也不是全无道理：毕竟我们和马也类似，都有一对平行排布的眼睛、一对在头部两侧的耳朵、一个鼻子，还有一张嘴。

我们的脸上紧密地排布着几乎所有的感觉器官。眼睛作用于视觉识别，鼻子作用于嗅觉识别，耳朵作用于听觉识别，嘴作用于味觉识别。人的周围神经系统利用12对脑神经让大脑和感觉信息紧密相连，而头面部独占了12对中的10对。那么，面孔只是信息的一个接收器的“据点”吗?

在一些低级动物身上，面孔可能只是一个感觉器官的存储之地。不同的动物受限于生活方式以及感觉器官的灵敏程度，对于面孔的需求不尽相同：很多低等动物仅依赖于听觉和嗅觉就可以生存，那么它们面孔上这两种感觉器官的排布肯定是占优势的；狗就有着灵敏的鼻子，鼻子可以替代其他很多感觉器官，给它们提供足够的信息，所以它们的鼻子在面孔上非常突出。还有一个极端的例子就是蝙蝠：视觉对于蝙蝠而言不是很重要，所以蝙蝠的面孔可能本身无须成为传递信息的工具，只作为接收信息的场所。这么说来，并不是每种动物都要看脸的。

对于人类而言，面孔不只是一堆“传感器”的堆积之处，也是我们传递社会信息的重要渠道。视觉是我们人类获得信息的重要来源，而面孔信息恰恰是人际交往的核心。那么我们怎么会用面孔来交流？面孔有什么独到之处呢？这得从五官开始说起。

鼻子和耳朵有什么特别之处?

由于功能限制，鼻子和耳朵不直接参与分析他人的面孔，那么，它们能够传递什么信息呢？事实上，相比其他的灵长类动物，我们的耳朵不管是位置还是形状都大致稳定。按照Bruce（布鲁斯）和Young（杨）教授的研究在2012年著作里的原话的研究来说，除非形状异常，一般情况下耳朵对面孔识别的贡献不大，毕竟耳朵的位置比较偏，往往被头发以及帽子遮盖。当年我看电影《指环王》的时候，直到出电影院和朋友聊天时，才发现剧中精灵族都有尖尖的耳朵。总而言之，耳朵似乎不直接参与面孔信息的传递。不过话说回来，除了常常被遮掩，耳朵的固定性也是影响它们传递视觉信息的另一个原因。相比犬类，我们的耳朵非常僵硬，在传递信息的时候，绝大多数人不能有意控制耳朵配合情绪起伏摆动。

虽然我们有许多种形容鼻子的词语，用以描述不同的鼻子形状，但是鼻子比耳朵还要固定，更难以产生动作。相对而言，我们鼻子的功能比猫、狗，甚至猴子的鼻子功能更加简练。我们的鼻子上并没有灵巧的肌肉，基本不能对交流产生显著的贡献。除了可以用来区分相貌，鼻子对传递信息并没有起到关键性的作用。

灵巧的嘴

作为生长在身体前端的器官之一，最早出现在面孔上的器官应该就是嘴了。最早的嘴类似于腔肠动物所拥有的口部，一条简单的肌肉控制着口部的收缩张开。相比而言，如今的人类拥有十分灵巧的口腔。你可以试着模仿腔肠动物的嘴——用手固定住你的下颌，看看光用嘴能够吃进什么食物，你会发现你大体只能吃下流食和液体。

正如第一个掌握了车轮的文明一样，第一个由于变异而产生灵活口腔的动物也是幸福的。相比被动地用嘴摄入食物，它们可以用口腔自如地选择，甚至控制食物的摄入。相对只有一条肌肉控制口部开合的动物，拥有一张可以吸吮的嘴的动物需要更多的肌肉和一个活动的下颚来帮助它们咀嚼和撕咬，这两个动作让一些动物彻底改变了进食习惯，也让食物和营养变得多元。

吃饭并不是嘴的唯一功能。对某些动物来说，嘴是一个利器。狮子会用利牙咬断斑马的颈动脉，某种程度上来说，嘴也是它的“手”。狮子、老虎和狗还会用嘴叼起幼崽或搬运食物。很显然，和人类不同，它们的祖先选择性地进化了一些其他功能。

相比现代人类，灵长类动物的祖先和现在我们的灵长类“近亲”都拥有强健的下颚、坚实的肌肉（下图），甚至更多的牙齿。比起人类的嘴部，黑猩猩的嘴部占面孔的比例就更大。

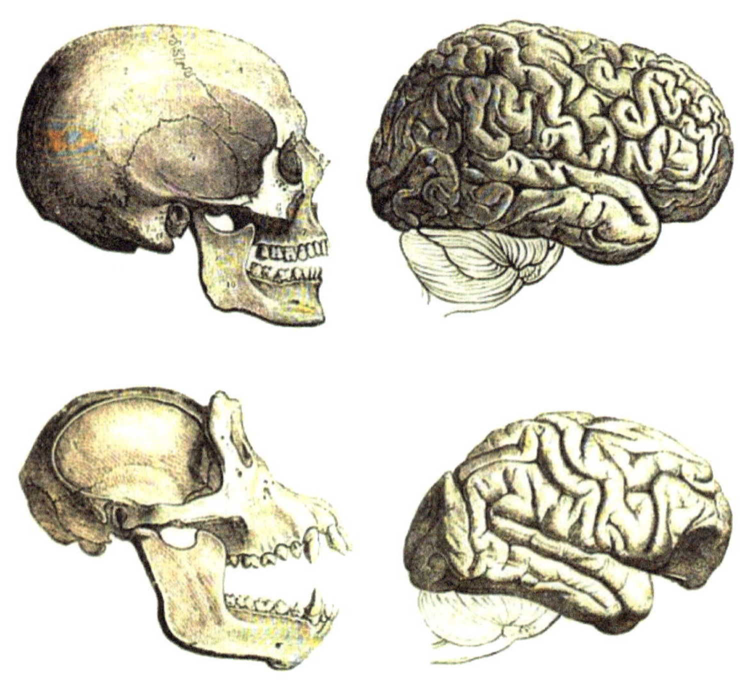

由于口腔让出了位置，大脑有更好的机会“变大”

并非所有的灵长类动物都能有幸接触到香蕉那样的食物，真实情况是，在森林中的灵长类动物食物来源很杂：有肉类，也有植物，甚至坚果。如果你去过动物园观察过猕猴的饮食，你就能发现，它们的咀嚼能力非常厉害。如果你用牙开过核桃，你就会体会到我们的咬合力多么匮乏；当然“徒牙”开啤酒的人我也见过，不过就比赛“咬”的话，我们的“近亲”黑猩猩肯定是占上风的。同样，我们连甘蔗都咬不碎，更不要说是生肉了。

很多喜欢美食的朋友看到这里难免伤感：我们怎么在进化中失去这般大快朵颐的能力了呢？说来也巧，我们之所以“抛弃”多余的磨牙，宽敞的口腔，甚至强健的肌肉，正是因为技术的发展。这个技术就是工具的生产以及火的使用。如果有了核桃钳子，你还会用牙开核桃吗？如果你吃过生鱼片，也就会知道熟的鱼好嚼多了。石器可以帮助粗略加工食材，而火能够帮助烹饪，改变纤维素或者蛋白质的结构：这两者一起极大程度上丰富了我们食物的来源，也能给我们更多的时间去做别的事情。如果绵羊不需要每天花那么多时间反刍草叶，就自然有了更多时间去做别的事情。当人类祖先在烹饪技术下只需要短暂的时间就能获取足够的营养，发展也就拥有了可能。

这个变化作为进化中一个阶段性成果，不只是涉及牙齿与下颚结构，更影响未来进化的走向。随着工具的进步，我们对于口腔自带“硬件”的依赖减少。僵硬的肌肉会被动作灵巧的肌肉群取代。同时，口部空间减少给大脑移出了位子。头部的体积肯定是受限于生产过程，头太大了导致难产是很麻烦的。所以在保持头部体积恒定的情况下，如果口腔活动的空间可以被精简，大脑就拥有了增大的空间。而这种可能性，最后造就了智慧且现代的人类。

“科技”改变了面孔

随着科技的进步，我们的祖先开始使用工具（也是当时唯一会使用工具的动物，而现在一些猕猴也掌握了类似的能力）。用石头作为工具在现在看来非常原始，不过，在当时是真正让原始人类脱颖而出的一项事物；连大导演库布里克在《2001太空漫游》开篇都特意致敬了这一项“跨时代”的进步。工具的使用不光方便了生活，解放了全身，还反向刺激了我们的大脑。最典型的变化就是我们的额叶。额叶算是进化历程上变化最晚的区域了，它的功能暂且不提，但是它的变化在我们身上有着典型的体现，那就是前额。让我们重新看一下人类和黑猩猩的对比吧，相比黑猩猩我们的前额更加饱满挺拔。不过，我们人与人之间的前额也有着差距，但是我们大脑之间的差距微乎其微，所以千万别被颅相学所蒙蔽啊。仔细想一想，前额的变化可能早就为小说家们所暗中察觉。不信你去看看经典科幻片里面ET的大脑门儿。没准儿真的在未来，我们更加聪慧的后代会拥有更加灵巧的下巴以及更加宽大的脑门儿。

科技改变了我们祖先的大脑，也赋予了我们祖先更多的能力。

最典型的就是语言。在我们祖先变聪明的过程中，它们的交流也会越来越高级。虽然说语言的发生更多应该归功于咽喉部分，但是口腔对于气流的控制也是很重要的。随着语言的演化甚至升级，灵巧的口面部肌肉的作用凸显了出来。你可以体会一下“波”和“泼”两个字的发音以及嘴部动作的区别。在说话时，肌肉的运动实在太过精妙。虽然说最原始的语言不见得需要复杂的发音过程，但是正由于语言的反复使用，站在进化长河的视角来看，原始人的生活效率也被反向刺激提高，大脑也会因被刺激而加强。

灵活的面孔

倘若我们把前面提到的信息联合在一起，我们就能发掘一丝丝倾向：原始人的面部和其他动物似乎不一样。对，我们的祖先有非常灵活的面孔。绝大多数有面孔的动物都有嘴，进食也是动物繁殖的必要过程。虽然不少动物从早到晚都在咀嚼，但是它们的面孔不如我们的灵活。举个简单的例子，犬类动物很能吃东西，而且它们的牙齿可能比人类更能咀嚼和啃咬，但是，就整张面孔肌肉复杂程度、灵活程度而言，还是人类占据了上风。

为什么我们的面孔更为灵活呢？这还是感觉器官的问题。我们的祖先依赖于视觉，这决定了我们面孔的形状。举一个例子，狗再进行演化也不会达到我们面孔的灵巧程度：毕竟狗依赖于嗅觉。狗需要巨大的鼻子以及相配套的面部结构。虽然灵敏的鼻子可以察觉出丰富的线索，但是相应地限制了其他器官的肌肉排布。而我们依赖于视觉，在眼睛周围的各种肌肉不光方便我们观察世界，也赋予了我们做出各种表情的能力。

人类有着不错的视力。早在1964年，NASA就对人眼做过不少的细微研究，虽然眼神不错，但是我们的视角其实不大。从水平角度上看，人类双眼视角合在一起大约有160度。这是个什么概念呢？小鹿也有一对眼睛，但是它们的视角可以达到280度。似乎在度数上我们和鹿差异巨大。但是事实上呢？如果你仔细看两张图，就能发现图上有高亮的区域，那就是双眼重叠的视角，也就是所谓的可以产生立体的视觉区域。草食动物鹿虽然有着巨大的视野，但是并没有强大的立体视觉能力。对草食动物来说，察觉到捕猎者的踪影是最为重要的。而我们作为猎食者，如果没有优秀的深度知觉，怎么捕猎呢？举个例子，当我们采摘玫瑰的时候，如果不能分辨清楚刺和花朵的前后位置，肯定会扎破手；相应的，猎人如果不能控制好距离，怎么投掷长矛捕猎猛犸呢？视角重叠提供了深度的线索，能够让我们更好地察觉出一个物体的形状。同时，这样的视野排布局限了眼睛的位置。如此一来，我们不得不相对应地给眼睛装备好足够的肌肉，方便其调节和观察。这样的发展过程，让我们可以察觉对方面孔的细节信息，也让我们的面孔更加传情达意。

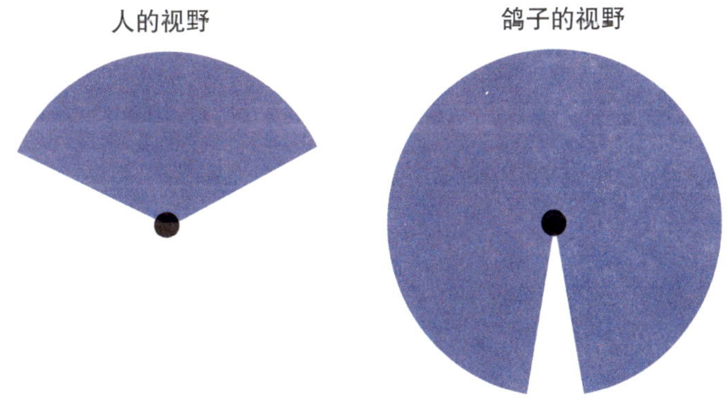

针对表情的肌肉有40余块，它们合力使我们拥有了用表情交流的能力。正像学习绘画的同学会涉猎人体解剖学一样，一些研究情绪的心理学家也从面部肌肉解剖的角度分析面部表情。最著名的研究者当属Ekman（艾克曼）教授和Friesen（弗里森）教授了。看过美剧《别对我说谎》（*Lie to Me*）的朋友肯定会熟悉由Tim Roth（蒂姆·罗斯）饰演的Lightman（莱特曼）博士。对啦，这位测谎能力几近魔幻的博士原型就是致力于情绪研究的Ekman教授。在他们的理论中，既然面部表情会展现在面孔上，那么面孔肌肉的变化自然会反应不同表情的差异。他们利用高速拍摄技术以及医学、解剖学的知识，对专业演员的标准表情进行分析总结。经过不懈努力，他们把面部肌肉的各种运动进行了专业编码，归纳出了一套面部表情编码系统（FACS）。在这套系统里面，两位教授将40余块肌肉的不同变化按照变化程度分为了五档（并不是每个都有五档），最后对面部肌肉的动作总结出100多种动作方式。一张面孔能做出这么多具有细微变化的表情，实在是令人惊叹；进化在我们脸上的创作真是鬼斧神工。

利用此套面部表情编码系统，我们可以更好地做出表情，也方便我们理解他人的表情。我在这儿举个例子，开心的表情在他们的理论中是由动作单位6和12共同完成，翻译为人话，那就是面颊提升配合上嘴角拉开。在这里的面颊提升不是源于面颊的颧大肌运动，而是由围绕眼睛的眼轮匝肌（orbicularis oculi）尤其是睑区所致。仔细想一想，我们在高档商店购物的时候，有没有感觉导购员的笑容总是很假呢？嘴从咧开到裂开也不能模拟出真实的笑容。相信你已经能得出答案，他们的笑容往往不涉及眼睛周围的肌肉活动。“身经百战”的我们哪怕不能指出眼睛的不协调之处，也能够体会到假笑之假。在这里我建议一些服务性行业的读者可以在假笔的时候适当收缩下眼睛模拟下真笑的眼睛动作，肯定做不到一比一地模拟，但也能以假乱真。这就是科学对于你的生活的一个小贴士。

眉目真能传情

灵巧的面孔上，不只有嘴灵巧，眉目也一样灵巧。古话对于很多现象的总结真是一针见血，眉目肯定能传情。

从眉毛说起。罗浮宫珍藏的《蒙娜丽莎》是文艺复兴时期的巨作，也是罗浮宫的镇馆之宝之一。不谈技法历史性，画中蒙娜丽莎的微笑被后世称为“神秘莫测”。有一些研究人员提出了一个动人的解释：因为没有眉毛，她的微笑令人难以捉摸。我们看后面这张图，眉毛被电脑软件遮掩之后，这位女士的面部表情似乎看起来也不太一样。事实上，这是一同张脸，同一个表情，对比一下你能看出来是什么情绪吗？当然，眉毛本身的形状肯定或多或少包含了一些情绪甚至是人格的线索，但是单就面部情绪、表情来看，眉毛所传递的肌肉动作才是主因。Tipples（蒂普尔斯）教授和同事们曾经针对眉毛做过一个巧妙的研究。他们发现人们在识别与愤怒相关的情绪的时候，中央低两边高的眉毛形状，可以极大程度地提升情绪的识别速度。这就说明眉毛至少在一些情绪里不可或缺。

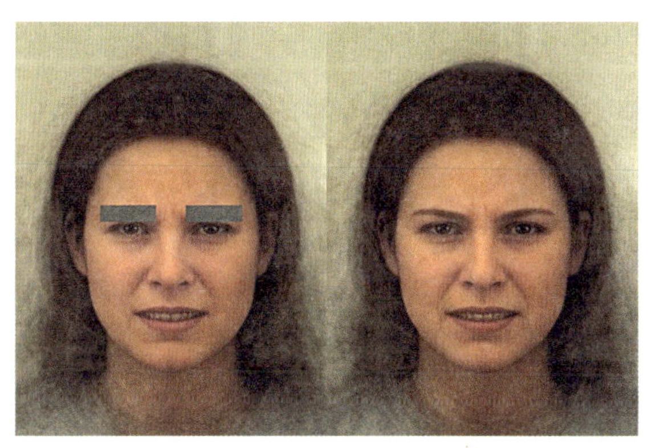

左边和右边的面孔乍一看是不是有着不一样的表情呢？原因就在于被遮盖的眉毛

眉毛本身的功能不是我们的话题，但是眉毛的姿态能够反映眉毛“背后”的肌肉活动，而这些肌肉是许多情绪必将涉及之处。我们的脑子其实内置了一套“表情编码系统”，虽然可能总结不出来，但是眉毛的位置可以反映出情绪的变化，剃掉了眉毛的确会让表情“难以捉摸”。

有不少人为了抵抗衰老会注射肉毒杆菌，注射的地方也常常是眼睛附近：针对衰老的鱼尾纹还有额头皱纹，肉毒杆菌堪称“药到病除”。但是，这样的灵丹妙药没有副作用吗？常被人忽视的副作用就是面孔的僵化。肉毒杆菌可以麻痹肌肉，能够消除皱纹，可是麻痹后的肌肉还能服帖地传递情绪吗？不恰当地使用会让面部僵化，面目可憎。说起来，剃了眉毛不过是让人“难以捉摸”，不恰当地使用肉毒杆菌可是会让人“更加僵硬”呢。

那么眼睛呢？似乎眼球本身不参与情绪的表达，只不过是由眼球周围的肌肉代劳。严格说来，瞳孔的大小会随着表达情绪的唤醒程度而变化，不过我们凡夫俗子的肉眼基本上没什么希望近距离观察如此细微的运动。那么眼睛在表情传达里真的有作用吗？有，而且相当之大。

我们想象一下这样两个人际交往的场景。假设我们身处聚会中，如果你发现一个面容姣好的姑娘让你心动不已，你会怎么根据她的笑脸判断要不要搭话呢？如果她是看着你笑，成功率肯定远超过她对着隔壁老王笑的情况。同样，我们想象一下大家坐在教室里，而中年的班主任正在讲台上大发雷霆。假如班主任他盯着别人直冒怒火，我感觉你应该不会特别害怕，甚至还会忍不住偷笑。但是如果班主任是盯着你说同样的话，我估计你就笑不出来了。眼睛，作为视觉信息的接收器，也能反映它们主人凝视在何处；毕竟用余光观察细节是不占优势的。比如说一个人眼神朝向哪儿，他就在关心这个方向的东西。通过判断凝视的方向，人类可以轻松地共享注意位置，这一个功能方便了社交，也能帮助我们准确地传递情绪。在社交中，注意力的方向至关重要。如果一个人都不看着你，他的表情或者说情绪很有可能没有注意在你身上，也就是说他的反应或者情绪并不是针对着你。我们回到教室的例子上，同样的话同样的怒火，在不同的注意方向下，你的反应不尽相同。

其实艺术工作者甚至设计师早就拿捏到眼神的妙用。先说《蒙娜丽莎》，在缺少眉毛线索的干扰下，蒙娜丽莎的微笑让人捉摸不透；不仅如此，达·芬奇还巧妙地将蒙娜丽莎的眼神汇聚在每一位观众身上。一位笑容难以分辨的美丽女子凝视着你，怎么能不夺人魂魄。而另一个例子就是旺仔牛奶，说来也巧，这样一个卡通人物的眼睛总是盯着奇怪的地方。既然是卡通形象，我们不会期待它真的在看谁，那么这样笑脸盈盈地看着周围又不是看着某个特定的人，只能被我们暗中解释为看着周围环境真的很开心。这正巧和公司要传递的形象吻合。

让我们回到眼睛的话题上。在我们的面孔上，最鲜明、最有对比性的部分非眼睛莫属。相对应各色虹膜（针对我们应该是眼睛上深褐色区域），我们的巩膜（俗话说就是眼白）显得异常白皙。来回一对比，眼睛观察的方向显而易见。虽然说巩膜许多动物都有，但是如此闪亮而且占比巨大的巩膜只有人类才有。甚至和人类的几十种灵长类“近亲”对比，科学家从形态学差异角度发现只有人类才有如此鲜明的巩膜：我们不但拥有最大比例的巩膜，还拥有相对细长的眼眶，方便巩膜有效传递信息。不谈别的动物，至少有了这样的巩膜之后，眼睛本身也能传情达意。

这就是面孔

现在，如果有人和你谈到面孔，你的脑海中应该不只是一张张静态的面孔，应该是一部反映面孔进化历史的影片：我们的面孔正是在无数年的进化过程中所产生的。正是由于有着这些独一无二的特征，我们的面孔才会千姿百态。

无数信息都可以在一张面孔上被发现、被理解、被感知。几十毫秒的一瞥便足以让美被感知，足以让你判断对方是谁；在被我们感受到之前，对方的性格和心情都在我们大脑内进行了一次推算。作为这颗行星上最为智慧的生物，这似乎并不是什么难题。但是只有我们人类可以识别面孔吗？别的动物能够识别它们种群之间的面孔吗？它们能够识别我们人类的面孔吗？

Chapter

动物“行星”

在阅读面孔这件事上，我们是这颗星球上唯一的“专家”吗？人类最熟悉的几种动物，它们会不会看脸呢？

这几年有一部很好看的英国纪录片叫作《萌宠成长记》，它忠实记录了不同种类的小猫小狗在不同家庭里的成长故事。看到那么多毛茸茸、腿短短的小动物，怎么会有人不心软？作为一位科研工作者，在感叹“真可爱”之余，脑海中不禁回想起这些小动物的视觉能力。既然小动物们都有一双大眼睛，也都是在充满爱的环境里长大，它们是怎么看待主人的呢？

毫无疑问，许多可爱的动物都装备有异常灵敏的嗅觉功能，气味是它们的好帮手。不过我们人类在交往的时候并不会凑到对方身边闻气味，而是更加倚重面孔来判断。这些小动物可以做到吗？在阅读面孔这件事上，我们是这颗星球上唯一的“专家”吗？那么我们就看看人类最熟悉的几种动物吧，它们会不会看脸呢？

人类的亲戚，灵长类动物们

（在这一节用“灵长类动物”这个词专门指代非人类的灵长类动物。）

1933年的电影《金刚》可以说是备受赞誉的特摄电影之一，我对《金刚》的喜好贯穿了整个少年时期。在看到这部电影的15年之后，我开始学习、研究面孔的识别；突然，这一部在我心中闪着光芒的电影有了不一样的感觉：片中最经典的桥段毫不含糊地反映了灵长类动物对于面孔几乎有和人类一样的识别能力。

故事中的主角，一只巨型的猿类，金刚喜欢一位貌美的姑娘。毫无疑问，我们可以说它有着和人类类似的对于面孔吸引力的判断。在去“捕捉”这位姑娘的时候，可以说它精确的操作体现了它能够准确识别人类面孔的身份。在故事的高潮，它在曼哈顿的帝国大厦楼下时看到惶恐与愤怒的人群，翻涌起的不安情绪促使它爬上了帝国大厦顶端。可以说金刚有着和人类相同的表情识别能力。尽管《金刚》的主创人员不一定拥有丰富的动物学知识，但无论如何他们的确如实地反应了灵长类动物是阅读面孔的高手：无论是体格壮硕的黑猩猩还是可爱的猕猴，它们都拥有“高傲动物”的面孔识别能力。

既是人类的近亲，又和人类一样有着相同的读脸能力，科学家自然没有放过灵长类动物。被研究最多的要数黑猩猩和恒河猴〔一种猕猴，也是我室友Alex（亚历克斯）致力于研究和保护的小动物〕，它们算是灵长类动物里面社会化的典型例子。毕竟社会化程度越高的动物就越需要面孔识别能力，就好比人多的地方更需要接收网络信号好的手机一样。我们想象一下，在一个巨大的集体之中，如果你拥有优秀的身份识别能力，你就可以更好地分辨群体内人与人的关系；久而久之，这样的优势就会反映在繁殖之上。黑猩猩是与人类最相近的动物之一，它们在分辨“他是谁”这个问题上也和人类非常相近。对黑猩猩来说，凭借面孔区分熟悉的同类毫无压力。它们能够识别面孔背后抽象的身份信息，无论是面对面还是仅依靠照片都能够准确判断；倘若只是记住脸但是没有记住身份本身，一张采光或者角度不好的照片就会阻碍再认。它们也和人类一样拥有判断两张陌生面孔是否属于同一个持有者的能力，就好比你可能不认识皇后乐队的贝斯手和鼓手，但是你完全可以仅靠肖像照片判断他们不是一个人。黑猩猩们擅长使用眼睛来判断对方的身份，尤其是在判断不怎么熟悉的猩猩身上，眉目传情连黑猩猩都明白。黑猩猩甚至还能够通过照片把不认识的母子联系在一起，所以它们识别面孔不是依赖于低层次的图片对比，而是可以把握图片中黑猩猩的特点。毕竟图片上的两对母子要是之前不认识，那么判断亲缘关系完全要依赖对于面部特征的抽象理解。不过，类似于人类的识别身份能力不等于和人类一般好。我们在判断对方身份的时候也会利用局部信息，比如眼睛，但归根结底还是整体识别为主。虽然黑猩猩也有近似整体识别的能力，不过还是与人类有差异，但无论如何与其他动物相比它们和人类是最接近的。

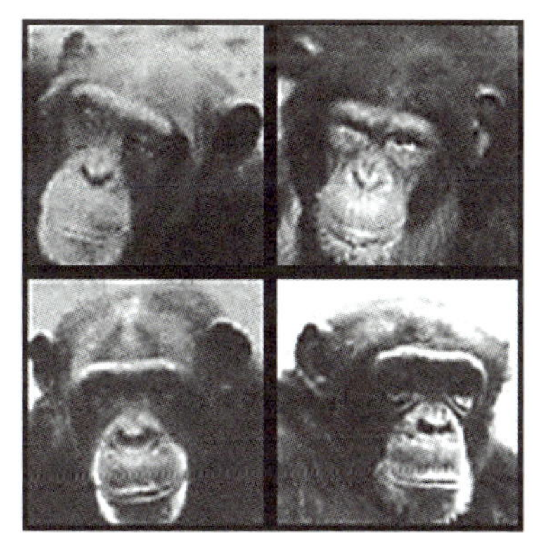

图上有两对母子。左边是母亲，右边是儿子。我花了好大功夫也没看出所以然来，看来在判断“这只黑猩猩是谁”方面，专家是黑猩猩们自己

恒河猴尽管没有黑猩猩魁梧的身材和硕大的脑袋，却由于社交需求，一样拥有不错的“认脸”能力。因为在它们的生活中，社会阶层的区分要求它们得认清不同的对象展现不同的礼数：对高等级的猕猴与对低等级的猕猴完全不能用一样的“礼节”。当然恒河猴没有黑猩猩一样的对于“陌生猴”的判断能力，不过对于“自家猴”它们还是很在行的。Wu（吴）教授与同事就观测到恒河猴相比看其他的猴子面孔更喜欢看“自家猴”的；倘若它们分辨不了“自家猴”和“隔壁家猴”，它们怎么会对“自家猴”得更长时间呢？不光能够区分，猕猴分辨面孔的速度还特别快，能力特别强。Keysers（凯塞斯）与同事在2001年就发现，哪怕一张不认识的同类面孔只能被看到14毫秒（大约就是1%秒，比眨眼还要快许多），也足够猕猴的大脑神经进行身份判断。在这样极端的环境下判断正确率都显著高于50%，可以说猕猴在判断面孔身份方面的能力成熟而且强健，可以与人类相提并论。

识别面孔的另一个挑战就是识别自己。其实这很难，人类婴儿需要到一定年岁才能通过鼻点测验判断出镜子中的自己：在鼻子上偷偷点一个小红点，如果婴儿不能理解镜子中是自己的面孔就去摸镜子；相反，若能理解自己在镜子中就会摸自己的鼻子。所以识别镜子中的自己不光包含了对于面孔的认知，还需要足够的大脑发育。大家想想与镜子里的自己打架的哈士奇犬，你就能知道这一点有多难了。就现有的研究来看，只有人类和黑猩猩可以识别自己的照片。而其他猿类能力与准确性就差了很多。但这已经是动物中的顶尖水平：黑猩猩和我们类似；相比其他动物，猕猴虽然时不时识别不出来，但是也已经足够好。

就和我们没法准确判断黑猩猩的面孔一样，黑猩猩和猕猴判断我们比判断同类的确要差一点。比如说同样冒出来一张新的面孔时，它们对新冒出来的同类面孔比对新冒出来的人类面孔兴趣更大，端详更长时间；话说回来，人类也和猩猩一样，是对人类面孔的更替更感兴趣。兴趣的差异是由于识别水平优劣，大家都更喜欢看更容易被加工的东西；这就好比你会对自己更感兴趣的课程（比如历史课）投入更多精力，更仔细听讲，而在不太熟悉，也学不好，更别说兴趣的课（比如化学课）上昏昏欲睡，看都不想看黑板。从这个角度看，大家的识别方式有相似性，识别同类的能力由于经验有差距；只要有足够的训练，它们也能轻松识别我们。就像我的室友Alex是研究人类学、动物学和进化心理学的博士生；虽然我研究面孔，但是并不能像他一样分清楚保护区里的猕猴。按照Alex的说法，他花了一个月时间根据前人（他们实验室的人）对于整个岛上猴子的图鉴，便能够轻松认清楚50只猕猴“谁是谁”。相反，也有科学家发现给予猕猴们足够的训练，它们也可以区分朝夕相处的科研人员。这就是训练的作用，没准儿我受过高强度训练之后也能做到。从学习的潜能角度上（倘若没有同样的学习机制，再多的训练也是对牛弹琴），我们也能推断黑猩猩判断面孔和人类的确同根同源。

灵长类动物能够判断（人与同类的）面部表情情绪吗？这个问题挺复杂。至少我们的近亲们都拥有比较灵活的面孔。你看美国前总统布什和另一种猿类黑猩猩都能做出人类所熟知的表情，真可谓进化的鬼斧神工。倘若面孔宛若铁板无法动作，肯定是做不出表情的。大仲马笔下的铁面人由于面具的关系就无法传递面孔表情，倘若这个面具极为高科技也能够流畅运动，他也能通过面具传递表情。只有拥有足够的骨骼和肌肉，加上协调能力，一种动物才能流畅地运动自己的面孔，做出表情。这种“后勤准备”能给阅读表情奠定基础，从而服务于社会交往之中。大家想一想，腔肠动物哪怕智力非凡，就凭借它们如同管子一样的“脸”，什么表情都做不

美国前总统乔治·布什与黑猩猩这两种猿类（Hominoidea）都能够摆出被绝大多数人理解的表情

出来。反正表情这个词不会存在于它们的词典中（它们也弄不出词典）。很明显，猿类和人类一样（但是没有人类那么好）拥有足够灵活的面孔，可以摆出多种表情。

表情研究的巨擘Ekman教授曾认为面部表情在人类身上是跨越文化以及学习的共识。这一点可能不止人类，黑猩猩也可以识别同类的表情情绪；在一定的学习之后也可以识别人类的表情情绪。和人类一样，黑猩猩也是通过眼睛和嘴部活动判断情绪。这也让我理解了之前听到的一个小故事：实验室里的猴子会喜欢那些给果汁更多的实验员做实验（能记住面孔的身份），也会根据当天实验员的心情要果汁（根据表情）。当然，根据它们能够认出表情并且摆出表情的知识，下次你要是去猴山玩，看到猴子也可以按照它们的表情和它们互动：要是表情不太友善，不如给了它们吃的就跑路吧；你能读懂它们脸上的不友善，它们也能读懂你表情中的害怕，没准儿它们就吃定了你展露出的害怕。

如果你还记得前面章节关于眼睛的知识，你应该知道人类的眼睛可以算是灵长类中眼白最大的，目的就是让我们更好地判断对方的眼神。但是恒河猴几乎没有眼白，所以它们不能够识别眼神吗？其实不然，它们没有眼白，反倒是因为它们能够识别眼神，但为了自我保护才掩盖眼神。我们想想这一则新闻：小吃摊上两个人因为对视很久大打出手。相比人类，猿类往往有极为严格的社会构成，高等级或者年长的雄性猿类有着极高权力，相反，年轻的猿类社会地位低下。因此，只有社会地位高的才能主动看其他猿类的眼睛，毕竟长时间地注视往往意味着权力的展现；相对低等级的猿类只能做出诚服的眼神以表达顺从，否则那就得干一架。不过正因为眼神看不清楚（黑眼球的遮盖很有效果），所以在实际生活中恒河猴依赖于头的方向判断对方兴趣的方向；而人类因为眼睛的特点更依赖于眼神，不过这是殊途同归。倘若分不清楚交流的对象兴趣在不在自己身上可就麻烦了。

对于人类而言，灵长类动物是在进化路上与我们“分岔”最晚的物种，所以研究它们能够更好地理解我们，谁让它们的行为都与我们有太多相似之处呢。科学家还发现我们的大脑与它们的大脑非常相似，也就是说它们在很大程度上拥有与人类一样的“处理硬件”，自然而然它们可以展现出许多高级的认知能力，比如说使用工具，识别面孔。也正因为这种相似性，灵长类动物尤其是猕猴进一步成为人类研究大脑功能的最佳对象：神经系统（我们的大脑与猕猴的大脑有很大的相似性，大多数功能对应的脑区都遥相呼应）以及行为的相似性可以让我们通过猕猴的大脑研究类比了解人类的大脑结构，还能够最大程度上避免实验伦理问题。毕竟在20世纪中期，核磁共振等脑成像技术还没有被广泛运用。当时最理想的研究方法就是摧毁一部分脑组织观察影响，以及在大脑内放入电极来检测神经的活动。这两种实验不是不能在人身上做，只不过伦理问题太过严重不现实。多亏了当时的实验动物与研究生，没有他们的贡献我们现在还不能很好地了解大脑的结构。单电极记录技术有点像听诊器：一根小小的电极紧靠在单个神经之上，“聆听”神经上的电信号。通过多次重复，电信号的活跃信息反映出该神经如何对于一种刺激反应。通过这个技术，不少科学家都在猕猴的大脑内检测到对于面孔兴奋的区域。比如Perrett（佩雷特）教授就在猕猴的颞叶处，也就是人类进一步加工面孔信息的一个大脑区域，寻找到了对于面孔信息感兴趣的细胞：有的细胞对于面孔的角度感兴趣，有的细胞对于面孔的表情感兴趣，也有的细胞对于熟悉的猴感兴趣。这些功能不同的细胞正是灵长类动物分辨身份、情绪以及注意方向的原因。

人类、黑猩猩以及猕猴可以说是这颗星球上在面孔领域被研究得最透彻的三个物种。这三个物种都有着相似的面孔结构，为面孔识别提供“原材料”；相同的社会化需求让我们都依赖于阅读面孔，相互促进了面孔阅读的能力；相似的大脑结构也为阅读面孔提供了保证。正是由于共同的祖先和极大的相似程度，大家都是看脸的动物。在20世纪的视觉或大脑研究中猕猴的脑子可是被研究过无数次，甚至可以说早期的很多视觉研究离不开灵长类动物。没有它们，我们不能清楚地理解大脑，感谢这些为科学献身的灵长类动物。

社会化与足够的接触是促进阅读面孔的推手，那么同样熟悉人类并且有社会组织的狗狗们会不会也能阅读面孔呢?

人类最好的朋友

狗是人类最好的朋友，除了它们估计就是网络与书籍了。到底人们有多喜欢把狗作为宠物呢？根据2007年的数据，整个美国就有7480万条宠物狗，它们的主人在它们身上花费了接近一千亿美元。更不要忘记在日常生活中除去宠物犬还有众多的专业犬种，比如导盲犬、缉毒犬、排爆犬、搜救犬、警犬和牧羊犬，在我硕士就读的学校里适逢考试周还会拿出可爱温驯的狗们给图书馆中备考的学生缓解压力；甚至一条叫作“doge”的狗由于它独特的表情，给很多人带来了欢笑，以至于成了一种新兴文化。如此多的狗狗居住在这个世界上，为不少人带来了欢乐，也对不少人给予了帮助。那么回到本书的主题，狗的面孔识别能力。与狗有过接触的读者肯定知道，狗毫无疑问可以识别出它们主人是谁，生人是谁：很多看门狗的忠诚表现无疑是最好的注解，要是分不清楚主人和生人，怎么会有人敢让它们看门呢？虽然狗能够识别主人生人，但有可能是因为嗅觉，也就是会不会不是依靠阅读面孔来判断主人。那么你认为狗狗是依靠我们的面孔来判断我们是谁的吗？要是能够，它们是依靠什么能力判断的呢？还有，它们除了身份，还能识别面孔的其他方面吗？

和爱犬互动，应该是每一个养犬之人的一件乐事。不要担心，你的狗记得住你，更记得住你的面孔

对于面孔的识别能力，其实是一种“社交能力”，但凡是社会动物，都有识别面孔的必须性，因为要与其他同类交往就要能分辨它们，面孔作为最为明显的身份的信息，在社交上无出其右。而我们关注的狗狗正是一种社会动物，它们与近亲——狼都喜欢成群结队出现，并且有着一定的社会性。与狼不同的是，狗不只是犬类动物，还是与人类共生的少数动物之一，它们与狼是同一种祖先，是在与人类的生活过程中先主动驯化（主动改善生活作息以贴近人类），再被动驯化才真正出现（按照基因研究推断大约是13万年前出现驯化后的原始犬类）；而考古研究发现最原始的狗类墓葬出现在14000年前，整齐的摆放以及牙齿的细节基本确定至少在当时已经有驯化过的狗存在。古代人类有选择性地挑选与人更亲近、协同工

作能力更高的犬类进行驯化，它们的祖先既聪明，又温驯，还能分辨出人类；所以说我们每天遇到的狗狗们都是被“精心挑选过”的结果。从这个角度看，狗对于人类有不一般的热情和喜好，但从逻辑上便可以推断出它们有不小可能性能够识别主人的面孔。

科学家们怎么看待狗呢？许多科学家本身也是爱狗之人。科学家也是人类的一部分，他们中不少人也饲养了不少“人类的好朋友”。比如说在圣安德鲁森大学Perrett教授的实验室里面，一位关系不错的朋友就饲养了一只白色的拉布拉多犬。就他解释这只可爱的小动物（其实特别大）不光可以填补生活的无趣，还能够充当“实验”的对象。这只拉布拉多犬还有个特点：除了主人它不喜欢男的。如果我和当时一位男同事去逗她，她就不理不睬；而等到几位实验室的姑娘来了，它就自己跑过去了。要是你有机会观察它，就能确信狗还真能分清楚人与人之间的差异。个体观察不能直接推广到整体，不如让我们看看科学家在可爱狗狗们的“脑海中”到底发现了什么。针对狗的实验其实也挺复杂，因为它们不会像人类一样做选择题，所以不少科学人员选择录下狗的活动然后细细分析。

首先研究的是狗能不能了解人的指示，这虽然与面孔还有一定差距，但是是理解狗狗们的基础。毕竟如果不能理解人做出来的指示，我们很难说狗与人类的交往有“深度”。养过狗的朋友都知道狗可以与主人亲切交流，比如说用手一指就可以让狗狗前去叼来一只玩具，似乎不需要用实验证明狗对于人的喜爱和理解。不过只有在严格的实验控制下，科学家才能总结狗是能够理解人类的指示才做出一些行为的。就比如牧羊犬会在主人指示下把绵羊聚拢在羊圈里面，这也可能是因为牧羊犬喜欢围着羊跑，也有可能纯粹是因为狗与羊的交流，若没有排除其他的原因，我们不能直接由“牧羊”的事实推断出牧羊犬真的理解了“工作”，而狗与人交流的研究也是如此。所以科学家需要用严谨的手段“画蛇添足”。

正如我们生活中已经体会到的那般，狗狗非常擅长根据人类的指示寻找东西。科学家在狗狗面前摆上两个盒子，一个藏有食物。不需要学习，狗狗很快就能理解实验员（以及主人）的动作与藏着的食物方向，并且以80%的正确率找到好吃的食物：无论是以点头、用手指指方向、微微躬身子，还是头的朝向这些方式吸引狗的注意，狗狗都理解“那个”动作的方向便是食物的方向。在另一个实验里面，狗狗还是遇到两盒食物，但是主人不给出任何指示；困难的情境下狗狗会主动观察主人的面孔来寻求帮助。这些实验完美复制了狗狗与主人的交流过程，很巧妙地反映了狗狗对于人的指令非常熟悉；狗在困难环境下会去观察主人寻求帮助，可以说狗狗能够与人类进行深层次的交流，可以互相理解。不过也有科学家对于第一个实验的结果保持了疑问，越是简练的实验越容易融进其他的因素，毕竟实验越简单控制的变量就越少，在这个实验里面会不会是因为狗狗熟悉了人类的动作产生了条件反射？巴普洛夫就通过行为训练让狗听到铃铛声便流口水，会不会是这些行动矫健的狗狗只是因为条件反射才有如此的动作呢？其实，实验中各种各样的指示方式基本可以保证条件反射并不占主导地位：一般的饲主不会利用这么多的方式训练狗。因此如果我们要得出“狗狗是理解人们的指令”才做出这些动作，还需要更加严格的实验：假如狗狗看不见人的面孔还能配合主人活动，那么它们应该只是因为条件反射。

既然有了这样的设想，那就应该做实验。实验人员干脆一不做二不休，探测了许多种生活中的人和狗交流的情况。他们设计了一组有趣的实验，一部分是探测狗狗能不能给主人捡东西，一部分是探测狗狗们会向什么样的熟悉的人讨食物。虽然说两个情景差异很大，但是结果非常相似。但凡人的面孔能被看清楚，还面朝狗狗，狗狗们就更喜欢与这个人交流并且完成“作业”。相反，只要是眼睛被遮住，或者说朝向别处（也就是兴趣点不在狗身上），狗狗们的兴趣也就下降不少。这一组实验给了我们很多关于狗狗的信息：（1）哪怕看不清楚，狗狗还是能通过少许信息找到主人；（2）但是，能看清楚的面孔可以让狗狗毫无问题地找到主人，然后开心玩耍；（3）同样的动作，如果狗狗不能感受到主人对它们的热情与关注，它们就会知趣地不去做；（4）相比面孔朝向，眼睛才是狗狗判断我们注意点的细节，不得不说狗狗在判断面孔方面出人意料地“成熟”。总而言之，狗狗们可以理解环境甚至主人的兴趣，倘若它们发觉主人没有兴趣（别开的面孔与眼神），就把当前事态理解为“不是找我”，所以能够改变与人类互动的方法。而且狗狗对于“是不是主人”的判断非常倚重面孔，只有在确认“这个人是主人”之后，狗狗才会全力以赴。狗狗们在利用面孔判断情景时简直如同人类，真不愧是我们的好朋友。

既然面孔对于狗狗很重要，那么它们和人类一样是依赖面孔来判断“来者何人”吗？答案是肯定的。在2010年的一个实验中，科学家把狗狗放在两扇门面前，然后让主人与另一位陌生人同时从两扇门（比如主人从左，陌生人从右）走出并走入另一扇门（还是这个例子，主人从左出往右进），之后让狗狗自由选择一扇门进入；在整个过程中，几架摄像机忠实记录狗狗怎么观察整个事态的发展。毫无疑问，狗狗更加喜欢用眼神跟随自己的主人移动，喜欢往主人前去的屋子望去：狗狗的眼中几乎只有主人，平均看主人看5秒，但是对陌生人也就一秒出头。一旦主人与陌生人都蒙上面孔，狗狗就有些不知所措了，虽然能够通过气味或者体态判断主人，但是它们的观察并没有像刚才那种情况那么敏锐。当然，条条大路通罗马，其他实验手法也可以来判断探索狗狗能不能看懂我们的面孔。比如说有科学家直接测试狗狗怎么分辨主人与其他的熟人（主人的好朋友）。Lomber（隆博儿）与Cornwell（康韦尔）教授发现狗狗可以准确分辨主人与陌生人的面孔，也可以轻松分辨熟悉的狗与陌生的狗的面孔。Huber（休伯）教授与同事进一步拓展了这个实验。他们先训练狗狗，让狗狗会主动寻找主人的图片。他们发现绝大多数狗狗都能凭借图片分辨主人。哪怕是图片被遮住，只留下五官信息，还有几只狗能够准确辨别出主人与熟人。在这些实验后，我们可以总结狗狗心中对人的分辨可不是依靠见过几次面，而是真的能够分辨熟悉程度：主人就是主人，再熟悉的人也不会与主人混淆。不光如此，几位日本科学家还发现狗狗能够准确分辨主人是开心还是面无表情。总而言之，狗狗可以充分利用面孔判断主人、他人以及自己的同类，而且它们对于面孔的分辨能力广泛，几乎与人类相似。

既然狗狗这么厉害，狗狗们会和人类用一样的方法来分辨面孔吗？解答这个问题要看一下狗识别面孔时使用什么样的方法（软件），什么样的大脑结构（硬件）。有科学家利用了研究人的面孔手段探索狗对于面孔的判断方法（软件）与人类有没有共性。他们发现狗狗像人类一样对于两张倒置面孔中哪一张是熟悉的面孔不是很准确（具体原因在第四章解释），但是对正常朝向的面孔判断准确。面孔倒置效应在人类脑中与在狗脑中如出一辙，非常有趣。而且，狗对于狗的面孔与人类的面孔似乎都有很明显的反应，也就是说狗狗识别面孔很可能是利用一种机制，而不是因为简单地学习或者条件反射分辨主人的面孔。上述关于狗狗能够识别面孔的结果让科学家浮想联翩：是不是因为驯化过程让狗狗获得了识别面孔的能力呢？最好的办法就是也驯化一些动物比较一番。科学家看上了狗的近亲——狼，它们共同的祖先一部分与人接触变成了狗，一部分自主生活变成了狼。从基因角度看两者非常相似。假设面孔的识别能力是来自出生后的驯化，那么听话的狼应该也和狗一样喜欢人类的面孔。身在匈牙利的Miklosi（米克罗西）教授有着很丰富的驯养狼的经验，于是他和同事就拿狼与狗比一比。就像我们之前提到的一个实验，能与人交流的狗与狼都可以通过人的手势寻找隐藏的食物，不过狗总是比狼好一点儿；在寻求帮助的困难环境下，两者差异明显不小：狼无论如何都不能第一时间观察实验人员寻求帮助（平均比狗慢一分钟），也不会长时间盯着实验人员看。驯化的确改变了狼的习性，不过狼与狗差的并不是出生后的驯化，而是一些别的东西。狗狗在人类身边的进化过程少说也有上万年，狗比狼对面孔有更大的兴趣完全有可能源自长时间与人生活的过程（是长期的生活甚至进化让狗狗的大脑产生了变化，而出生之后的驯化不足以改变对于面孔的兴趣；狼是一个好例子，我们驯化狼的时间太短，不足以让大脑产生变化），让狗对于面孔兴趣盎然。也就是说，狗狗拥有一些不同于狼的大脑结构，特别的结构导致了特别的“读脸”能力。

科学家最后把研究兴趣转向了脑成像探索狗的大脑结构（硬件）。毕竟上述几组实验的最好解释就是狗拥有一种人类也拥有的处理办法：通过专门处理面孔的大脑区域。就在这两年，不同实验室都在探索狗的大脑里有什么地方专门处理面孔，在对比面孔、生活中的场景，甚至通过电脑技术打乱的面孔图片，科学家发现了狗对于面孔处理的大脑区域——颞叶。与灵长类动物一样，狗的右侧大脑下方区域对于面孔有着独特的反应，这一种反应在不同的实验室、不同的研究手法以及不同的狗身上都有体现。所以，狗之所以对面孔识别兴趣盎然，是因为它们的大脑里“武装”了处理面孔的区域。这个区域出现的原因据推理应该是源自与人类的交往和生活。可惜现在研究的征途才刚刚开始（Miklosi教授语），不少谜团还未完全解开，不过我们可以稍做总结：正是由于与人类相似的大脑结构，才

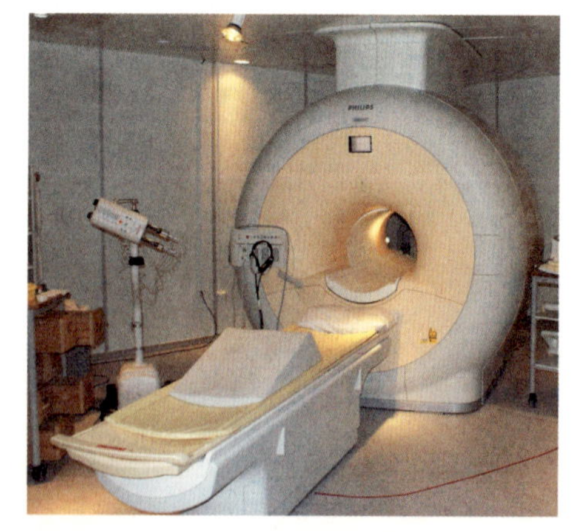

狗狗们在这样的核磁共振扫描仪里面。它们的“工作”就是看各种图片，似乎有点儿无聊。所以它们也就只能坚持不动一会儿

让狗狗有着和人类一样阅读面孔的能力。

狗是我们最好的朋友，它们看待面孔的方式和我们也出奇地像。它们能够识别主人和熟人，甚至陌生人，它们也能够了解我们的情绪，也可以理解我们的面孔方向与兴趣点，甚至它们对我们的眼睛也颇感兴趣。不光行动上与我们人类一样，连大脑结构都有相似之处。正因为这些，狗狗们才如此特别。

猫咪能够看懂脸吗？

猫咪作为人类的伙伴已经有了上千年的历史，最经典的例子要数古埃及的法老家族，他们对于猫的热爱与现代人无异。不过，就如同有人说猫是人类（除了狗以外）的另一个好伙伴。在现在，大约有6亿只猫咪生活在我们周围，可以说算是最为常见的宠物。相比主人们对于猫咪无限的爱，猫咪似乎与主人不是那么亲近，以至于很多人感觉自己不是在养猫，其实是在服侍“猫主人”；那么猫咪的眼中有我们吗？在这一节，我暂且不谈猫咪与人类的交往与生活，只谈一谈猫咪对于人类面孔有没有阅读能力。我有一位朋友说：“要是我们家猫真的能记住我，每天这么养它我也觉得值了。”就像上一节谈论狗狗一样，这一节我们看一看猫咪能不能识别人的一些指示甚至情绪，再看一看猫咪能不能通过面孔判断我们的身份。

研究神经科学的科学家们和我们一样都爱着猫，唯一的不同之处就是有一些科学家会用猫作为实验的对象来探索脑的结构，而有另一组科学家更对猫咪本身感兴趣。我们先看看前一种科学家。

最近非常火的深度学习里面就涉及一个叫作神经网络模型（Neural Networks）的算法，这一算法看似与整本书风马牛不相及，事实上它正来自科学家对于猫的研究。在1961年，Hubel（休伯尔）与Wiesel（威塞尔）教授深入研究了猫的视觉皮层，他们发现视觉皮层上对于方向敏感的细胞有着如同网一般的结构：高效还简洁。这一成果在计算机科学上开花结果。在20世纪，神经科学的许多经典实验都是在猫脑中进行。他们麻醉猫咪，然后用电极检测猫对于基础视觉刺激的反应。不过这些实验虽然对于视觉领域帮助很大，但是并没有解释本章的主题，猫咪能不能认清楚主人的面孔。所以我们还是看看那些针对猫咪本身进行研究的科学实验吧。

我们还得从猫咪的视觉能力开始。大家都知道猫可以在夜间活动的一个关键原因就是猫咪们有着“夜视”能力。在猫咪的眼睛上，视网膜的结构与人类大不一样。作为接收视觉信息的“胶片”，视网膜上面神经细胞的数量决定了接收到的信息。相比人类，猫咪的视网膜上拥有更多视杆细胞，但是有更少的视锥细胞。视杆细胞形状细长好似杆子，它的最大特点就是对于光亮敏感，而对颜色并不敏感。同样分辨丝丝光亮，上百个视锥细胞才能达到一个视杆细胞的敏感程度。所以拥有更多的视杆细胞可以帮助夜间活动：对于光亮越敏感，也就越能察觉暗处环境下的细微亮度变化。正因为能够对细微亮度的变化一清二楚，所以视杆细胞也能够精确判断动态。视锥细胞，顾名思义，长得像锥子一样。术业有专攻，视锥细胞并不是判断光亮的好手，它们更加擅长判断颜色。在我们人类的眼睛里面，600多万个视锥细胞让我们能够看清楚五彩斑斓的世界。不过猫咪就没有这么幸运，它们眼内的视锥细胞可能只有人类的1%。所以对于猫咪，动态的信息清楚无比，夜间万物也纤毫毕现，真的不愧是天生的捕猎者，眼睛就是为了捕猎而设计。不过猫的眼睛虽然设计精巧，但是有一个致命缺陷，那就是视力并不是特别好。先说猫的视觉能力吧，猫咪完全可以像人类一样分辨一些点的大小、方向以及角度，也可以记住看到的一些物体，所以说从硬件角度而言猫咪是擅长使用视觉信息的：大家都看过不少猫咪视频，比如追逐激光笔，拨弄毛线球。不过辨识面孔就是另外一项工作了，因为面孔算是最为复杂的视觉刺激了。既然能够记住自己喜欢的毛线球，猫咪们是不是也能认出我们的面孔呢？

养过猫的人都知道，猫虽然很“傲娇”，与人不甚亲密，但是它们能识别出主人，尤其是在和陌生人比较的时候。我有一位朋友曾经告诉过我，她家的猫咪很怕生人，只有她才可以与猫咪愉快地玩耍。暂且不谈在它们心中我们到底是不是主人，至少这些例子告诉我们，它们心里有我们，而且还能把我们和其他人分别开。但是这个事实不能直接推导出猫咪可以判断出我们的面孔，毕竟猫咪可以利用气味、身材、面孔、身体动作的特点等多种多样的方式来判断我们。举一个不恰当的例子，青蛙捕捉飞虫并不是真的因为它们能够判断出飞过的虫子很好吃，而是因为它们神经系统内的反射结构倒置。相对的，猫咪对我们是谁的判断并不一定与人类相同，毕竟，条条大路通罗马，猫咪也有若干种手段“标记”它的主人。所以我们要确定面孔能不能被认出来，尚需更加严格的实验控制。

朋友的猫咪，叫“刘大人”。虽然有时“傲娇”，但是会“察言观色”。那么问题来了，它能够记住主人的面孔吗

与狗不一样，人类对于猫咪的驯化并不完全。相比功能繁多的狗，古代人类驯化猫的时候并没有开发出多少功能。有一种说法是相比在上万年前就能给人类带来帮助的狗，猫咪们一直没有太大的功能。毕竟是孤独的捕猎者，与人类一起捕猎似乎不是一件轻松的事情。反倒是对于老鼠的抓捕功能给了人们“忍受”猫咪的原因，自此生活在一个屋檐下，直到它们与人类越来越亲密，成了“座上宾”甚至“太上皇”。所以说我们与猫咪的关系更为松散，在驯化过程中也没有要求猫咪多么服从我们。至少在驯化过程中猫咪并不是那么需要认出我们的面孔和指令，很有可能它们没有足够的面孔识别能力，因为没有必要。另一朵盘踞在猫咪面孔识别上的乌云就是它们的特点了，猫咪作为捕猎者往往单独行动：整个猫科动物

类，只有狮子是群居动物，而我们养的猫咪及其祖先还真不是。大家回忆一下，有群居性的动物一般都会竭尽手段识别对方。虽然猫咪在现在也会有自己的社区（流浪猫），还会与人（家猫）交流，但是猫咪与人类社交并不是如同其他动物那样迫切，也没有直接分辨人类的需求，自然不是必须拥有面孔的识别能力。尽管不少科学家都发现猫咪有着完善的视觉能力，甚至与人类很接近；不过识别面孔这样一个复杂的活动似乎并不是猫咪的“功能菜单”上所必须的。

我们还是从与人类交流开始说起。上一节提到了狗可以与人进行密切的交流，猫咪可以吗？这个问题的答案可以从猫咪与主人的活动中寻找。有科学家就认为吃饭前与吃饭后的行为差异是个好指标：在喂养动物的环境下，如果喂养前都不和人亲密互动，可以说是没有“交流”。如果是不同岁数、不同性别，甚至不一样的饲主，猫咪们都很愿意与人交流，虽然在吃饱喝足后它们明显花更多时间打理自己（舔舔毛，摆摆造型），不过它们无论吃饭前还是后都能与主人有互动，还会观察主人的面孔，所以说它们可以识别我们，在吃饭前还会很乐意看我们的脸（撒娇）。不过仅从吃饭这个环境入手难免会有一定特殊性，指不定猫咪只是在“餐厅”才有这样的活动，所以想要推广到整个猫咪界，还是得把猫咪放在其他情境下与其他宠物比较一番。果不其然，有科学家把猫咪与狗狗和主人活动的情况比较了一下：相比狗狗对人的指令和面孔浓厚的兴趣，猫咪似乎“漫不经心”了一点。在追随主人指示的一个实验里面，猫咪和狗狗都能够比较准确地跟随主人的手势找到食物，虽然说猫咪与人的互动会少一点。而在一个寻找食物的实验里面，猫咪相对于狗不太观察主人面孔的特性就被凸显出来。实验人员偷偷把食物藏了起来，以至于猫咪们和狗狗们不能够直接把食物弄出来。在这样的“无解”难题下狗狗会更倾向于观察主人的面孔寻求帮助，但是猫咪们并不喜欢观察主人的面孔：它们更喜欢自己行动，在发现困难之后不会主动寻求主人帮助，而且就算寻求帮助也不会像狗那样花时间观察主人的面孔。这个实验里面我们能看到猫咪的独立性，因为它们在遇到困难时没有放弃自己主动解决；也能看到它们相对于狗对于人面孔的兴趣不大，并不频繁通过观察主人寻找帮助。所以猫咪可以判断出我们的面孔，还可以理解我们面孔的方向，甚至能通过我们的指示进行操作。能清楚脸与方向是交往的第一步，第二步就是能够理解我们的表情，它们能够分辨我们的情绪吗？

最近有一组科学家就测了测猫咪对于我们情绪的看法。实验设计非常巧妙，主要是测量猫咪从笼子里出来之后看到不同人的不同表情会不会有不一样的交流。情绪有两种，开心与不开心；接触的人也有两种，主人与陌生人（实验员）。猫咪的一切行为都被暗藏的摄像机拍了下来以供分析，那么我们看看“真猫秀”中猫咪的表现吧。首先猫咪对于主人和陌生人的确有不同之处：遇到主人不太会回避，还会主动用眼神交流示好，也不太会害怕。总之它们能察觉出主人和陌生人的区别，然后更喜欢看主人。但是在情绪方面很有意思，对于陌生人，猫咪可不管那人的表情：它们对于陌生人不是很感兴趣，无论对什么情绪既不害怕也不亲热，很有遗世独立的风采。但是对于主人而言，热情都是来自积极的情绪，好比说主人带着“快来和我玩”的热烈表情，猫咪真的会更喜欢和主人玩，但是如果主人摆着一张臭脸，猫咪与主人的互动会降至冰点，和陌生人没啥差异。所以说，猫咪可以分辨我们是不是主人，也能看清楚我们的情绪，真的是有灵性的小动物啊。

不过上面的实验还有一点点小问题，会不会猫咪是通过我们的肢体形态或者声音分辨我们呢（不谈气味）？那么，最直接的方法就是让猫咪分辨我们的面孔照片，它们要是正确率很高，就可以说它们能识别出我们的面孔，反之亦然。让人伤心的是，如果只是判断面孔，猫咪们对于朝夕相伴半年的实验人员几乎认不出来：正确率只有54%，基本上就是猜的准确度。是不是因为猫咪不擅长利用面孔来识别人呢？实验人员再让猫咪判断熟悉的同类，结果正确率相当高，有90.7%；不光如此，它们还能够明确判断出场景是不是熟悉。总而言之，就是猫咪视觉很不错，而且可以通过面孔判断同类，就是判断不了人类。所以说，我们之前提到识别主人的能力，应该不是来自面孔，而有可能是身材，甚至是姿势。每一个人都有特别多的声音，那会不会是猫咪能够分辨我们的声音呢？答案是肯定的。猫咪有着更加广阔的听觉频率范围，也有不错的听力。猫咪完全可以仅通过声音来判断来者是不是主人：只有主人呼叫猫咪名字的时候猫才会有社会性的动作，比如喵喵叫以及挥舞尾巴；而陌生人再模仿也不能让猫咪挪一下身子。但是猫咪光听到主人的声音并不会观察声源的方向，从正面想，这个事实可以推断出猫咪仅通过声音就能判断主人，不过从侧面说，猫咪真的不是那么在意人的面孔。这样你就能理解为什么有时候你呼唤爱猫之时它们只是稍微叫唤一下但是不回头了吧，是因为它们觉得已经告诉你“我知道你在了”；它们不看你只不过是因为没有这样的习性罢了。所以，不要太伤心，它们真的不擅长看脸。

对于猫咪的研究现在还并不丰富，但是仅有的研究基本解释了猫咪与人类交往的模式。我们可以根据现有文献总结出：（1）猫咪能够分辨我们的情绪甚至指令；（2）猫咪可以分辨主人与他人，不过是建立在身体与声音信息分析之上，而不是像人与人交往那般依赖于面孔，也就是说，它们不是很擅长看脸。猫咪很聪明，很有灵性，也有不错的记忆力，对于面孔的识别不畅很有可能只是缺少面孔识别的脑区，谁让面孔是最特殊的视觉刺激呢？所以说，你的猫咪，可能真的认不出你的脸。

绵羊也盯着你的脸

绵羊是种很可爱的生物，有四个胃，绝大多数时间在躺着反刍。不光是农场中的好动物，绵羊还“充当”了许多电视节目的“主角”。前段时间，英国著名的黏土动画《小羊肖恩》出了大电影，我作为这个剧的忠实观众自然前去观看。相比之前在北京地铁里面看的那些片段，电影真心好看，当然动画本身也好看。《小羊肖恩》的主创人员制作以可爱绵羊为主题的电视节目肯定有很多原因：首先，英国作为一个纺织业出名的国度，有悠久的放牧绵羊获取羊毛的历史，在英伦你可以看见火车上到处都是穿着羊毛制品的乘客，以及车窗外满山遍野的草地上趴着的绵羊，对于主创人员（英国人）而言，他们心中绵羊的形象就如同我们心中老黄牛的形象一样亲切，如同我们心中的熊猫形象那般熟悉；其次，作为一部黏土动画片，虽然广受喜欢，但初始目的还是给小朋友们带来快乐，绵羊可爱、温驯、毛茸茸的，在主创人员优秀的制作技术下，加上编剧对整个农村性格百态的动物的设定，它们的演绎让人很是喜欢。不过，如果你也是这部动画的观众，你会不会发现有一个小问题，就是剧中绵羊的面孔都很相似？当然我们可以从动作和体形大致判断几只绵羊的区别，但是它们的面孔呢？反观我们国家的一部以羊为题材的动画，主创人员的确对几只羊的面孔有所着墨。那让我们回到现实中来，绵羊这样一种可爱但是有点“笨笨”的动物到底面孔有没有差距呢？它们会利用面孔识别它们的同伴吗？再进一步，它们能够像《小羊肖恩》剧中的主角们一样记住主人与牧羊犬的面孔，然后还能产生互动吗？

一切生活中的问题都可以在科研成果中寻找答案。不过关于绵羊的问题着实难倒了我：在认知神经科学界内研究猴子的科学家很多，尤其是20世纪八九十年代是猕猴大脑定位的一个高峰，但是有没有研究绵羊的面孔识别的科学家呢？科学对我们的研究真是不留死角：Kendrick（肯德里克）教授深耕这片田地已经有快30年了。怀着对学术的敬意，我大胆猜测和绵羊相关的必定是英国人，果不其然，他还真就是英国人。说实话，从这位教授的科研经历角度来看，研究绵羊不是他的初衷：Kendrick教授对于绵羊一开始是研究激素和神经递质，并没有什么特别之处。但是在之后的研究中，他渐渐涉及了绵羊的生活，还有绵羊的面孔识别。

我得先说一句，科研工作者研究的绵羊是特殊种类驯养过的绵羊。不是每种羊都足够聪明，能够从容不迫地看脸交流。还挺有趣的呢！绵羊虽然可爱，但是大家难免认为它们“笨笨的”，感觉在智力上不如狗。不过研究成果告诉我们绵羊至少在面孔识别上是超过了不少电脑软件：它们真的有识别的能力。作为一种群体生活的动物，绵羊的大脑背负了社交的“重担”；比如说绵羊会与自己的家庭生活，也会排斥“别人家”的绵羊。所以说绵羊再不够聪明也得要具有区分群体内外个体的能力。当然识别别的绵羊并不是只有面孔一条路，Kendrick教授在论文中也承认绵羊在判断“其他羊”的时候视觉听觉并用：他们将绵羊放入特制的迷宫，而绵羊会根据两个门处投射的面孔或者播放的叫声行进；绵羊对面孔与声音都更加喜欢。同时绵羊也和其他很多动物一般会利用嗅觉分辨幼崽。倘若听觉和嗅觉都能帮助绵羊识别“其他羊”，绵羊们还需要通过面孔识别吗？其实我们稍稍推理一下就能体会到必要性，就如同孔雀的尾巴是给能看见的雌孔雀准备的，雄绵羊的角也可以用来吸引其他母绵羊的注意。所以说至少绵羊的角是一个在进化上有被识别的意义的部分。再进一步说，就好比羊角，很多细节信息，比如健康程度还有生殖能力，只能从面孔中获得，倘若只依赖嗅觉和听觉，绵羊的生活可就黯淡了许多。

既然大多数绵羊生活在农场里面，那么牧羊犬和主人也是它们整天见到的对象，它们可以认出来这些面孔吗？大量实验都指向了一个结果：会。接收记忆训练后的绵羊可以牢牢记住人脸，没有受过太多训练的绵羊也会对陌生的牧羊犬以及人类的脸产生回避状态。但是相比同类的绵羊，Kendrick教授还是发现绵羊看绵羊的脸比看人类的脸更兴奋。可以说它们不简单地对面孔“一视同仁”，实际上能分清楚主次，亦或者说更擅长分析同类：虽然人与牧羊犬也是天天能看到，但是绵羊伙伴才是它们种群的一部分，也会有更多交流，更富有生活的价值。举一个例子，我们每个人都有成为汽车鉴赏家的潜力，不过我们还是更倾向于识别人脸，而且也更善于识别人脸。进一步研究发现这个对绵羊脸的识别就和人类一样，它们也会利用面孔上的线索去区分别的绵羊，具体在下文也会提到。在1996年的研究中，他们侧面比较了绵羊记忆绵羊脸和记忆几何形态的能力，很显然，拥有更广泛脑区参与的绵羊脸记忆又快又准：记忆力最好的是有血缘关系的羊，其次是别人家的羊，最末就是几何物体了。

光能识别面孔可不够用：好比我硬着头皮也能区分两个电子元器件是不是有差别，但是不能说我拥有该方面的知识。在面孔领域，光能判断可不行，还得能记住才是真的能识别。Kendrick教授没有落下这个问题，他发现绵羊可以记住别的绵羊的面孔。当然记忆也有程度之分，我能记住大学同学的面孔，不过记忆中小学同学的面孔已经非常模糊了。绵羊是忘不掉其他绵羊的脸的：绵羊们可以从照片认出别的绵羊的脸以及它们是谁。绵羊们至少可以在30次训练内基本记住其余50只羊的面孔，再进一步练习一段时间后过两年不会遗忘。这可不是一个小数字，对不少人来说分辨50张面孔也是个小挑战。绵羊对于同类或者幼崽的面孔记忆能力比对于人类的面孔或者别的物体的形状强很多，可以说体现了它们大脑内一种专职于同类面孔识别的能力。在这个角度上看，绵羊的大脑与人类的大脑有类比性。也可能因为它们有着如此厉害的大脑，Kendrick教授在*Nature*（《自然》）杂志的副标题中惊呼：“绵羊可没有大家想的那么笨！”

为什么绵羊能记住脸呢？因为绵羊和人一样，也有着专门识别面孔的大脑区域，位置也就在它们大脑靠近耳朵的皮层处，术语叫颞叶（temporal lobe，也就是腹侧通路上，专门操作物体identity，甚至说face emotion识别的区域）。面孔识别并不是我们人类特有的行为，任何一种社会动物在交流时，只要通过视觉信息与同类交流，这些动物都需要通过面孔去识别对方是谁，了解情绪，同时识别对方的兴趣点（是不是对其他动物有兴趣）。正因为“装备”有一套面孔识别脑区，绵羊也可以游刃有余地判断“其他羊”。那么绵羊的大脑究竟是不是和人类大脑一样处理面孔呢？

这几只羊在我们眼中可以说一模一样，但是在绵羊眼中千差万别，甚至它们能够因为认识羊的父母就能判断出谁是它们的孩子。同时它们也能像我们一样分辨出人脸。反正绵羊能分辨羊脸和人脸，哪怕很模糊

当然行为实验本身是不够的，Kendrick教授和同事们利用单电极记录技术用不少实验探索绵羊识别面孔的能力。Kendrick和Baldwin（鲍德温）就测量过绵羊的颞叶针对面孔类图片的活动。假如绵羊与人类一样都能识别面孔，那就能于颞叶皮层处探究到对于面孔的活跃。进一步说，如果这些细胞真的是参与面孔识别，它们只会对面孔而不会对其他的物体产生兴趣。结果没有辜负脑袋被钻了洞的

绵羊，561个被记录的细胞里面有40个细胞明显活跃。这些细胞的活跃也有着类别性，比如有细胞对羊角的有无和大小活跃（性别和年龄），有细胞对绵羊脸所传递的生殖能力有兴趣（估计就是最为性感的绵羊），还有细胞对恐怖的东西（人和狗脸）产生兴趣（很可能就是绵羊的下颞叶细胞）。这个类属区别也反映了绵羊的社交能力（注意与社会性区分）。

绵羊大脑中颞叶一些细胞到底对羊脸的什么感兴趣。就如图上所示细胞对于绵羊的面孔有着很多特异性，倘若被马赛克干扰，这些细胞就不能输出有意义的信息；反过来说，被打马赛克的地方就是这些神经细胞的判断“任务点”。比如有的对面孔感兴趣，有的只对眼睛感兴趣，也有的就对面孔没兴趣，甚至还有的对羊角产生兴趣

上图中有着各种各样的绵羊面孔，每张图都能激发羊脑颞叶上一些细胞活动，也就是说这些细胞对绵羊面孔的不同构成有着不同的活跃程度。难道说绵羊是用局部信息识别羊脸吗？虽然还没有对于绵羊大脑视觉通道的具体研究，但是根据现有的羊脑神经研究，Kendrick教授推断出绵羊的识别符合基本的识别方式：视觉信息在颞叶区域的细胞在针对不同类型被分别处理后，最终会在高级脑区被整合，而后整体识别。他们的研究方法运用了单神经细胞记录，

也利用了面孔倒置研究。正如同我们的梭状回面孔区在右侧大脑，他们在2000年发现绵羊识别绵羊的时候也主要激活右侧大脑进行整体识别，所以绵羊在看到倒置的绵羊脸的时候会感到困惑。过了一年，他们发现对于人脸，绵羊们更多地选择局部识别，和我们识别外国人的陌生面孔一般，绵羊左右半脑整体与局部一起识别，倒置面孔的效应也不大（正因为正常面孔识别能力也弱，两者差异反而小）。绵羊脑内对于面孔的加工正如同我们分辨熟悉的人与外国人一样，我们真的不能说绵羊“笨”，只能说它们“深藏不露”。

相信大家对于绵羊更能理解了，因为绵羊们身怀“绝技”。面孔识别不光在我们人类还有灵长类动物身上很重要，对绵羊来说也很重要。而且，绵羊的面孔识别能力和人类真的很相似，都是为了更好地与“朋友”生活在一起。在探讨面孔之外，我想插几句关于动物保护的话题。Kendrick教授在对绵羊的神经以及社会性研究接近30年之后，毅然投身于绵羊保护活动，因为在研究之后他更加深刻地体会到了每种动物的灵性与可爱之处。虽然我们没有他那样的机会与经验能够接触这些可爱的动物，但是我希望各位读者都能对无辜的小动物（无论是绵羊还是山羊）充满爱，不要无故欺负它们、伤害它们。毕竟绵羊的大脑“装配”有面孔识别能力，它们能记你的脸很长时间，你还敢对它们做坏事吗？

小小的总结

这颗蔚蓝的行星上，我们人类至少在阅读面孔方面并不孤单，我们的“亲戚”们可以识别我们的面孔，我们最好的朋友狗狗也可以识别我们的面孔，甚至“笨笨的”绵羊也能有如同我们一般的面孔识别能力。它们识别我们面孔的能力堪比人类本身。就比如说狗狗，正是由于能够判断我们的面孔，才有如此的兴趣让它们成为我们生活中不可缺少的好伙伴甚至好帮手。也希望大家能够爱护身边的动物与宠物，在这样的动物心中你或者说你的面孔都是独一无二的存在。

狗与绵羊的面孔识别能力不是来自出生后的训练，也不依赖于智力，也与和人亲密的程度无关，而是由于深层次的神经系统：颞叶处的面孔识别区域。大家想一想，我们身边的猫咪相较农场里的绵羊肯定对人类更为熟悉，但是由于缺少面孔识别的专门脑区，猫咪并不能像绵羊一般理解、处理、记忆我们的面孔；虽然聪明，但是我们的面孔对于猫咪并不是那么有意思（举个例子，最新的苹果笔记本电脑性能其实很强大，但是VCD光盘对于没有光驱的它们毫无意义，10年前的老PC电脑尽管老旧，自带的光驱却赋予了这些老家伙读取光碟的能力；就读光碟这件事情而言，没有光驱再厉害的电脑也没辙）。面孔识别的能力依赖于特有的大脑结构，谁让面孔是最为特别的视觉刺激呢？

4

Chapter

大脑“眼中”的面孔

在电脑“眼中”，我们的话语是二进制的数据，而并不是一个个完整的语句。与此相类似，在大脑“眼中”我们的面孔是什么样子的呢？

苹果公司在发布经典的iPhone 4S手机时，也推出了Siri语音助手：长按home键，你就能和Siri进行简单的交流，仅用手机就可以主动完成一些操作。比如我曾经仅花了一分钟，通过Siri，便向朋友发了一条短信。这一位有趣的助手，尽管只是一个电脑程序，却可以与我们用母语交流，着实方便。不过，你有没有想过，在Siri的程序里面，我们说的话都被一个个公式，一次次傅里叶变换公式转换为电脑最为熟悉的二进制数据。所以说在电脑“眼中”，我们的话语是二进制的数据，而并不是一个个完整的语句。与此相类似，在大脑“眼中”我们的面孔是什么样子的呢？是完整的图像不经任何压缩处理直接分析呢，还是也如同电脑一般利用“程序”预处理数据后再进一步分析呢？这一章，我们就看一看大脑究竟如何预处理我们所看到的面孔。

大脑为了面孔“尽力了”

在了解大脑“眼中”的面孔之前，我们先粗略地了解一下大脑会如何加工我们所看到的面孔。对于面孔的识别，隶属于视觉识别，这要归功于我们大脑内处理面孔的复杂结构。在大脑里，进行初步视觉处理后，还有不少针对面孔活跃的神经区域。

让我们回到1982年，Mishkin（米休金）和Ungerleider（昂格莱德）教授在猴子的脑损伤实验中得到了改变视觉研究的成果。这个结果又称为双通道假设理论，即大脑在处理视觉信息的时候会把信息分成两组分别处理。在视觉刺激被初级视觉皮层分析之后会被分为两束。一束叫作背侧通路（dorsal stream），向上传递到顶叶皮层（靠近头顶的位置）；它主要传递视觉刺激的空间方面的信息（where），放在面孔角度就是面孔有什么动态，朝向什么位置，离我们有多远，在说什么话。另一束叫作腹流（ventral stream），向下传递到颞叶皮层（靠近耳朵的那个位置）；它主要传递视觉刺激的内容方面信息（what），放在面孔上就是这个人是谁，他是怎么样一个人，他与我们有什么关系。这个划分为科学家指明道路：大脑

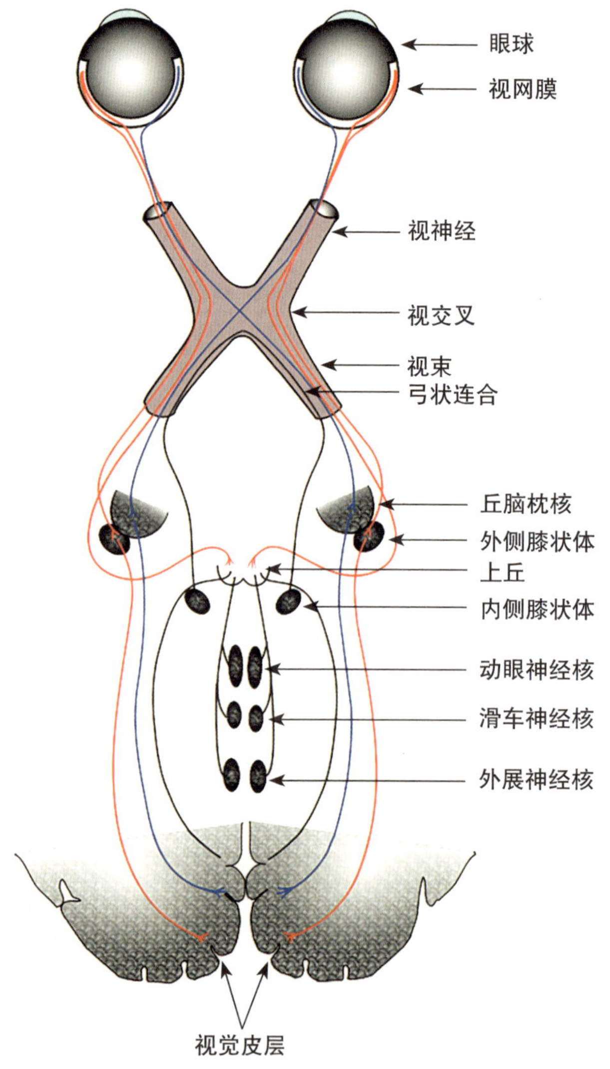

图中所示的就是视觉处理的初级阶段。再之后这些分散的信息会被重新整合。这一章着重讲图上过程完结之后大脑做了什么

在处理视觉信息时不是一股脑儿放到“处理中心”分析，而是会根据材料略做划分。而在另一个方面，我们可以发现大脑在识别一张图片时，会有广泛的激活。更不要说是面孔信息了。

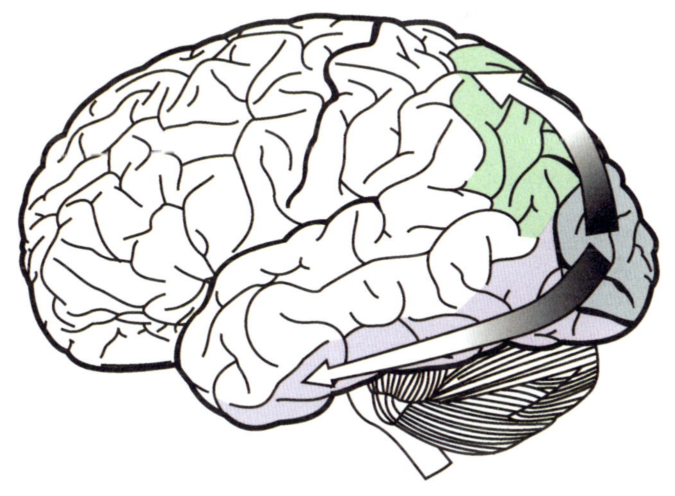

紫色部分是下颞叶，箭头代表了腹流，关乎“是什么”；绿色部分为后顶叶，箭头代表了背流，关乎“在哪里”。通过这两条通道我们能够理解周围的世界

在这之后，随着技术的提升，我们对于视觉识别的理论了解得越来越清晰：复杂的协同工作帮助我们识别看到的东西。倘若我们观察整个大脑，在做判断时大脑没有什么地方能够闲下来。所以说不要相信一些文学作品中“大脑没有完全利用”的说辞。上述的两束信息流只不过是开始，之后整个大脑会如同点燃的烟火一般完全燃烧起来。

丰富的视觉研究成果（从理论上以及方法上）帮助了人类对于面孔识别的研究：面孔也是一种视觉刺激，那么它会不会也被不同的脑区处理呢？是怎么样处理呢？这就是Bruce和Young两位教授在1986年根据面孔识别中实际的功能差异，把面孔识别划分出的两类：这个人是谁，这个人摆出了什么表情。在他们的观点中，身份判断以及情绪判断有着截然不同的功效，自然不太可能按照同一个处理方式去处理；进一步讲，唇语阅读等内容也应该更靠近于瞬息万变的表情，但是远离万变不离其宗的身份。当时虽然没有充足的脑成像研究，但是他们大胆假设面孔会有不同的区域识别。

在20世纪80年代，猕猴的单电极研究发现了不少有趣的结果。单电极就是把一根电极深入大脑直接“窃听”一个神经的活跃。由于要侵入大脑，此方法往往局限于动物研究。比如说Perret（佩雷）教授发现猕猴的颞叶部分有些细胞只对面孔产生反应，对于车子、房子什么的没兴趣。这一些研究被科学界采纳：大脑的确对于面孔比较特殊，甚至进化出专门用于面孔识别的区域。不过猴子再和人类相似，我们也不能把猴脑的研究成果直接搬到人脑上，哪怕结构相似，很多细节之处复杂的差异也会导致不一样的结果。

到了1997年，马萨诸塞理工学院的Kanwisher教授在人脑中发现了一些不一样的东西：梭状回面孔区（Fusiform Face Area，简称FFA）。此区域也在人脑的颞叶，位置偏下，需要从下往上看才能看清楚。这个区域在人察觉到人脸的时候就有频率稳定的活跃。之后Kanwisher教授做了进一步对比实验，确定这个区域涉及面孔的身份识别：判断“他是谁”就依靠这个区域。返回去看，这个区域的失调也是面孔失认症的源头。同时，在20世纪末，不少学者也发现判断面孔的一些细节的时候也会动用不同的脑区，比如说杏仁核

（amygdala）、脑岛、颞上沟等等。当时以Kanwisher教授为首的一群科学家就认为人类在判断面孔的时候会“启用”一些非常特殊的大脑区域进行判断。

不过这个假说很快为Haxby的新模型所吸收包含，最终成为现在广受使用的神经模型假说（distributed neural system）。2000年，Haxby（哈克斯比）、Hoffman（霍夫曼）以及Gobbini（戈比尼）三位科学家总结神经科学的研究成果，在Bruce和Young的功能模型基础上提出了基于神经系统模型。Haxby与同事扩展了Bruce和Young的研究，并且用翔实的研究成果指出：我们的大脑是通过分布开的不同神经系统识辨面孔。这个模型与Kanwisher教授的“特殊”模块处理面孔的假设并不矛盾，应当说互为补充。在下一节我会细细介绍这个假说。

识别面孔的神经模型

可能对我们来说一张面孔就是一张面孔，平淡无奇。但是，在科学家那里就是研究的宝藏：在他们眼中身份信息可以帮助人们判断对方的身份，从而采取不同的策略，而表情信息能够表达每个人内心的想法。它们在功能上隶属两个层面，相互都有着很大差异。既然能归为两类信息，科学家们自然会推论两类信息应该有不同的处理系统去处理。根据无数科学家用脑成像和行为科学的研究，Haxby教授和同事提出了一个激动人心的假说：大脑内有三个（几乎只对面孔产生兴趣）核心模块配合若干个（也参与其他大脑活动）拓展区域完成面孔判断，既包含处理稳定的信息（比如身份），又包含易变化的信息（比如表情）。按照这个既被广为接受，又被补充的假说，我们可以了解到为了读一张面孔，大脑有多么努力。

从核心模块功能来看，一张面孔的身份信息会被梭状回面孔区（FFA）处理，相对，表情信息会被颞上沟（STS）处理。虽然梭状回面孔区和颞上沟都在颞叶之上，但是位置一上一下，而且功能完全不同。其实，有一定神经科学基础的朋友们大致也能理解这两个区域的区别。颞上沟（STS）其实紧邻中颞叶（MT/V5）皮层以及中颞上（MST）皮层：MT皮层最重要的功能就是处理运动、动作信息。而中颞上皮层也类似于中颞叶皮层，进一步分析动作信息。颞上沟孜孜不倦地从这两个相关皮层获得动态图像的信息，也难怪它会处理关于面孔中相对“变化多端”的情绪甚至是唇语这部分要素。相对应的，梭状回面孔区身处颞下叶，它的“邻居们”几乎都和某种识别有所关联：在猕猴脑内，FFA所在的地方，颞下皮层对于面孔，甚至不同朝向的面孔有着特别的反应；它的其他“邻居”也分别与场景识别，还有肢体动作息息相关。这么说来，真的是不是一家人不进一家门，识别瞬息万变或者长久不变的信息的脑区都“聚集”在不同的地方，这些“地方”都有着生理背景原因：大脑也不会凭空委任一些脑区参与一些活动；相反，大脑的“安排”正是基于这些脑区有“能力履职”。

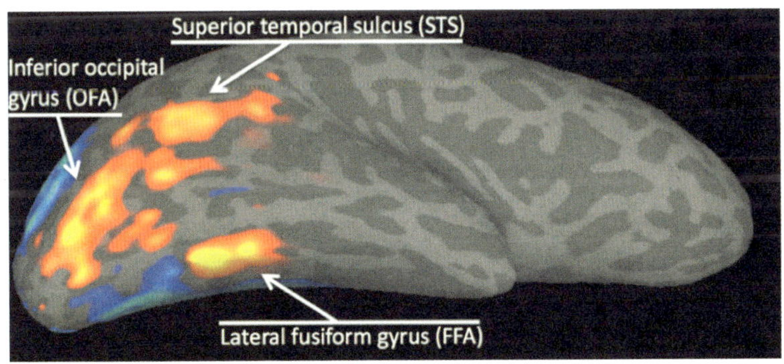

图来自Haxby &Gobbini（2011）。标注了OFA、FFA以及STS这三个核心模块。你看，都在脑袋后面、侧面，基本就在大家耳朵后面的位置

不光是核心模块参与面孔的识别，不少涉及其他活跃的大脑区域也参与进面孔的识别。比如说杏仁核（amygdala）就会参与一些负面情绪的判断，也会参与判断来者是否有威胁。比如有一位叫作SM的病人，她的杏仁核受损之后便再也感受不到“害怕”的情绪。不光杏仁核，脑岛（insula）作为一个关乎进食行为的脑区，也会在判断他人情绪的时候活跃；同样，奖惩系统会对不同长相的面孔有不一样的兴奋。涉及判断他人想法以及目的的前扣带回皮层（APC）也会对不同的面孔产生不一样的活跃。前、中颞叶皮层涉及对于面孔的记忆，会随着梭状回面孔区的活跃参与身份的判断活动。这些大脑区域（所谓的拓展区域）都会随着核心区域的活跃一起工作，从而完成对于面孔的判断。这一部分会在之后的章节分开介绍。

在处理面孔信息的时候大脑的许多模块纷纷参与其中，那么它们之间是怎么样的关系呢？Haxby教授在提出这个模型的时候，强调了大脑在处理面孔时参与的区域是离散分布的（distributed）；因而，自然而然地，会有人误以为这些脑区有可能是“各自为政”。事实上，这个推论是错误的。首先，这些脑区的活跃有着时间线上的先后顺序，反映了视觉信息传递的前后性，并不是各自“看心情”才有活跃。其次，这些大脑区域看似分离，其实关联紧密，很多不同的面孔识别任务都会依赖同一个脑部区域。与其把这些脑区比作一个公司内的若干个部门，我更愿意把它们比喻成整个广告部门：其中也有能力迥异的员工，并且，他们不同的搭配和安排可以给所有的甲方完成各种各样的广告设计。

科学家们在科学模型的建立上永远在追求完善，他们也反思面孔处理模块的分布式假说是不是完全准确，会不会由于研究水平的限制而有缺陷。绝大多数科学家都对完善这一模型保持了开放的态度：心理学作为一门科学有着可证伪性，因而每一个假设都有被推翻的可能。Calder和Young教授在2005年的一篇综述中描述了他们的担忧，他们并不反对这个模型，但是强调了模块本身并不是非黑即白的区分，他们也针对该如何更好地用实验完善和理解提出了建议。同样，Behrmann（贝尔曼）和Plaut（普劳特）在2013年的一篇综述里也提到了这一点，他们没有盲从之前的模型，用实验解释了大脑处理面孔的区域并不各自为政，也不是只有一份工作：它们除了在“本职工作上尽心尽责”，也会对其余的视觉信息产生反应。因此他们建议把“模块”这样听起来很独立、分离的描述性词汇改成“处理圈”，这样强调了整合性但是没有抹杀分布性。所以说，不同的大脑区域的确参与了面孔识别这个“大工程”，但是它们不是完全隔离，相反它们的“私交”很不错，在处理不同内容的时候各自形成小圈子，高效但是不浪费地完成工作。举个例子，一个喜好变化信息的颞上沟（STS）积极参与了情绪识别，可以说是情绪“专家”，它在处理面孔情绪的时候会积极地与“面孔工程师们”合作，也就是会和V4皮层、中颞叶皮层、丘脑、杏仁核一起合作处理面孔情绪；但是转战到声音情绪的时候，它会和“声音工程师们”处理问题，会从A1皮层等相对应区域交接班。所以说这样的脑区并不是“各自为政”，相反它们的组织和处理就足够让很多只会分析KPI的人力资源专员汗颜了。

在Haxby与同事的模型中，如此多层面的面孔信息不是被一个大的“中央处理器（CPU）”处理，也不是被若干个高度单一用途的“传感器”逐个处理，而是每个层面都会被不同的脑区所处理。当然这并不是暗示每个人的大脑都暗中排布着若干个平行的“处理器”分析不同面部信息；他们的模型指出大脑拥有许多处理模块，在针对面孔处理时，大脑“聘用”三个专门对于面孔有兴趣的、专一性的模块以及不少通用性很强的模块进行分析：举个例子，专业摄像机上有摄像头还有读卡器，其中摄像头就是专一性模块，只用来拍摄，而读卡器功能广泛，它们协同在一起可以起到拍照并记录的作用。回到面孔处理模型上，大脑通过采取不同的核心模块并使其配合其余的延伸模块，最大化地合理利用脑区进行多种多样的面孔信息分析。虽然说不同信息有很大差异，但是不少信息都有着相似的通道进行处理。比如说，表情或者面孔朝向甚至唇语都是属于变化的信息，针对它们的判断都会被颞上沟（STS）这个核心处理模块加工，然后依次与其余的延伸模块进行进一步加工，从而获得完整的识别。仔细一想，这样大脑就会把加工过程中相似的部分进行“合并同类项”，的确是高效，也节省了处理空间。

通过面孔，每一位读者都能得到大量的信息，而面孔本身也不是“平板”一张，相反，它拥有多层次的信息。在这一章，我们先谈一谈大脑是怎么处理身份信息和表情情绪信息的，而其他内容会在之后章节作为本书的重点详细分析，循序渐进。毕竟在绝大多数科学家眼中，身份信息和表情信息算是人际交往中最重要的组成部分；透彻地研究能够极大程度地帮助我们理解大脑在人际交往中的功能。所以在某种程度上，人们对面孔的身份识别以及表情情绪识别有着最炙热的研究兴趣，也有着最丰富的研究成果。面部表情和身份的确区别很大，不过绝大多数人可以在不知道对方身份的情况下判断对方的情绪，同时大多数人可以在一群有着相同表情的人中寻找出熟悉的人。换句话说，如果你熟悉我，你不会因为我做出了什么奇怪的表情就认不出来我是谁；同时，你可能只熟悉我不熟悉我的表哥，但当你看到我表哥的时候，你依旧可以轻松地判断出来我表哥的表情是开心还是悲伤。科学家们在这两个问题上可谓绞尽脑汁。在谈论这两个问题的区别之前，我们先谈一谈它们的共性，那就是情绪还有身份都是被一种叫作整体识别的方式主导。

整体还是局部[1]

每个人都有一张独一无二的面孔，但面孔的复杂性并不妨碍我们判断对方是谁。倘若按照计算机视觉的角度思考，面孔也就是一种二维或者三维的数据集合，因此面孔上的“地理信息”可以化作一堆点阵或者是曲线。假设先不讨论面孔的颜色信息，每张面孔上各式各样的五官，就已经让判断面孔成为一道复杂的多元函数题。计算机视觉是把面孔作为一种数据进行分析，而我们人脑可以真正理解面孔的含义，所以计算机识别面孔的方法不能用来解释我们人脑的识别方法。也就是说，我们是通过一点点识别每一个部件然后加起来的方式去识别面孔吗？会不会是大脑将面孔的信息分开处理和存储，比如鼻子归“鼻子部门”分析，嘴巴归“嘴巴部门”分析，然后讲数据整合呢？

这个问题的答案会在之后的章节慢慢展开，但是答案很鲜明：

① 在这本书里面我并未区分整体识别（holistic processing）与构型识别（configural processing），而是统一称为整体识别，目的是降低非专业读者的阅读理解困难。望专业读者海涵与理解。

大脑并不是利用局部分析再粗暴整合的方式识别面孔；大脑内也没有所谓的“鼻子区”“嘴巴区”之类的地方对面孔的每个特征点分析。科学家们认为面孔上的信息是多层次的、多阶层的。从最简单的角度来看，识别面孔过程中可以划分为两个层次，也就是整体识别或者是局部识别：分辨一张面孔以整体识别为主导，整体大于局部之和。

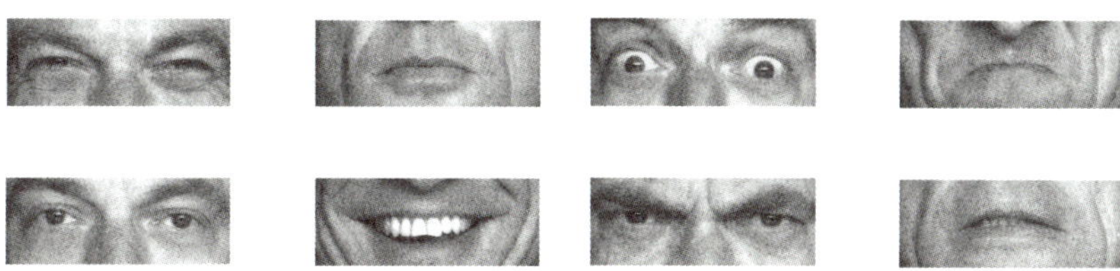

上图来源于同一位演员的四种表情照，相信没有几位读者可以把正确的眼睛与嘴唇对应起来。虽然说眼睛与嘴巴都能传递情绪信息，不过在这个例子里面局部信息的确不足以承担识别重任

面孔识别，尤其是身份识别的问题上大多数科学家已经有了共识：人在正常环境下都是主要利用整体信息，辅以局部信息，从而判断面孔的身份与情绪。所以，在理解面孔的过程中大脑会用整体而不是局部识别，是因为面孔并不简单是一张几何地图。面孔在大脑中被理解为多个层次信息，或者说面孔在大脑内会被按照处理层次分开。可能你会对整体识别这个观点难以理解：整体识别到底是什吗？我们为什么要利用整体识别这样一个听起来很奇怪的概念判断他人的面孔呢？相对而言局部信息是不是很重要？对于这些问题，我还是从举例子说起。前段时间我和一位朋友拜访一位刚结婚的老友的新房，我们对房子的感受很巧地呈现出了整体和局部识别。一进门的工

夫，我们不约而同感到“装修很贵”。房子装修自然很豪华，按照主人夫妇的话就是“简欧风格”。之后我们都感觉出客厅的装修有点不协调，仔细一看是电视后面的灯实在太过奇怪，红色中又带点紫色，正是在街头小店常能看到的颜色。在很多视觉判断中，我们都要利用整体（整个房子是不是“简欧风格”）或者局部（屋顶的某处雕花是不是“巴洛克风格”）分析，自然面孔分析也不能免俗。

或者我再举个关于整体识别和概括的例子。我有一次在朋友圈发了一张动画片《飞出个未来》（*Futurama*）的截图，底下有朋友留言：“这是《辛普森一家》（*The Simpsons*）吗？”做出这样的判断是因为，这两部作品背后都是相同的主创人员，以至于画面和人物设计非常相似。虽然我的这位朋友没有认出任何一个熟悉的角色（他没有看过前者，只看过后者），但是因为他拥有对于《辛普森一家》的整体识别，当他看到熟悉的设计时，他做出了如此的判断。尽管在这个有趣的错误中，他的判断并不正确，但是我们可以从他的话语中发现对于面孔（人物设计）的整体识别以及抽象概括能力，正是这些能力让我们可以轻松识别面孔（不一定精确，但是富有逻辑性，所以准确）。

我们对于面孔的识别正如上文提到的一样，源于面孔本身的形状。形状往最细节处说可以被认为是色块和条纹的组成。举一个极端的例子，有的人在聊天时喜欢的表情符号或者颜文字。它们的作者只用了寥寥几笔便勾勒出表情中最关键的部分，比如说笑脸或者竖眉这样栩栩如生的表情了。但是事实上，我们的表情识别并不是简单地把面孔上的每一条条纹色块加在一起，而是使用了一种整体识别的方法（holistic processing）。视觉科学家把每一张面孔分成两个维度：局部特征（大体就是细节信息，一只眼睛具体是什么样子，鼻子是什么形状），以及整体（这个比较复杂，是“真正的”整体信息：包含但不限于眼睛到底在脸的哪个位置，它和眉毛、鼻子的空间关系）。这么讲你可能还是一头雾水，举个例子就好理解了。你肯定听过这样的话：“这个人五官单独看都还不错，但是合在一起就怪怪的。”通过脑成像研究，科学家们已经发现专门针对面孔识别的脑部区域更喜欢整体识别（比如梭状回面孔区）；而被动员参与面孔识别的区域（并不是专职识别面孔的区域，功能更低层次的区域）会利用局部识别方法帮助我们看清楚面孔。两者互相“帮助”，我们就能多层次地看清楚面孔了。

在科学家眼中，整体识别其实又叫作“专家”识别，只有当我们对一个事物真正熟悉了解之后才能做到。对于大多数人而言，判断面孔的能力会随着年龄增长而变得炉火纯青。这样一个例子可以帮你理解这个概念：如果让我对你介绍极限这个数学概念，我可能支支吾吾来回说半天才能解释清楚，或者过度解说“局部”的信息（比如某几个我认为比较难的点）；但是如果是一位有经验的数学教授和你解释同样的问题，他就能从整体方面跟你解释，不光能让你明白什么是极限，还能让你明白极限这个概念产生的前因后果，到底在什么地方可以用，怎么用。例子中的数学教授作为专家，拿捏和判断更加整体化，并不是填鸭一般将每个地方都提到，却让人觉得“条理通顺”；而我作为一个粗略学习过的学生，在数学方面只能抓住细枝末节（局部特征），讲解慢，抓不住重点，想必你听起来没学到太多东西，只能说每个概念都听到过一遍。“专家”利用整体识别就好比教授给你梳理脉络一样，在他那里数学就是一盘大棋，并不为具体棋子所困。

哪怕不是通过简单相加，我们的视觉处理系统效率也并不是很高，对一张面孔的精确、完整识别需要进行几百毫秒。但是，在真实生活中，我们能够通过短短一瞥判断出对方是谁，什么表情。整体判断提高了识别速度，而之后的局部识别可以进一步提高判断正确性。高速的判断往往依赖于整体识别，虽然局部判断可以增加精确度，却需要更长时间。很多时候我们在做粗略或者快速判断的时候，整体信息会占据主导地位，我们把部分信息合为一体进行了判断。在识别面孔的时候，大脑不是简单地一一识别五官等信息，也不是把每一点信息直接加在一起，而是把所有信息融合成一个新的信息来看待，可以说是在统领全局，但不拘泥于某一个小范围：比如眼睛的形状自然会被分析，却在此着墨过多。话说回来，有些时候我们也会依赖于局部信息，比如区分同卵双胞胎时得要抠出很多细节才行。不过只有拥有整体识别能力，才能最有效地统领这些局部信息的识别，并行处理肯定比一个接一个地串行处理要快一些不是吗?

20世纪心理学界有一个流派叫作格式塔心理学，这一个学派核心观点正是“整体大于部分之和”。有趣的是，面孔识别也是如此，虽然面孔在我们眼中就是线条和色块的组合，但是它们加在一起并不是一个大色块，而是一张意义非凡的面孔。简单来说，我们判断理解一张面孔的时候倾向于从整体角度，而不是细节角度分析它。对于这一论述，最好的例子非“面孔倒置效应”莫属。

倒置的面孔，不只是倒过来

科学家怎么会发现面孔识别会依赖于整体识别呢？毕竟整体识别也会把局部识别的信息进行综合，乍一看很难区分。没有什么实验设计能难倒科学家，一个经典的研究方法叫作面孔倒置效应。正常人的面孔都是眼睛在上但是嘴巴在下，我们也熟悉了这样的面孔；但是有科学家在接近半个世纪以前研究了一个听起来异想天开的内容：如果我们这么擅长识别面孔，那么把面孔图片倒过来我们是否仍然能看清楚。Yin（殷）教授就发现倒过来的面孔不太好记，也不太好认。比如说下面有两张倒置的肖像照片，大家分辨下谁是演员摩根·弗里曼，谁是南非国父曼德拉。

有些人一时半会儿反应不过来两张倒置的面孔属于谁，但是如果你旋转书本把这两张面孔正过来便可以轻松判断。换句话说，同一张面孔，倒置比正放需要更长的时间进行分析。从科学角度解释，只有面孔正常朝向时，我们的大脑才能最优化地分析它们，否则费时费力不讨好。大家想一想，虽然我们对于面孔的识别早已炉火纯青，怎耐我们的“学习资料”都是正常面孔，现实世界不存在

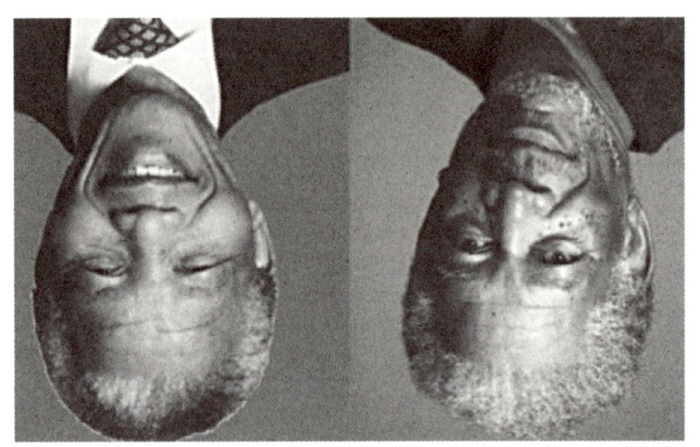

可能这个问题难不倒你。倘若两张完全陌生的面孔就会很难，虽然你还是能判断出谁是摩根·弗里曼，但是在倒置的情况下你会需要更长时间

倒过来的面孔，也就没有被我们习得，所以哪怕有着专长的我们也做不到识别倒置的面孔。

其实面孔倒置效应不光体现了整体识别在面孔中的重要性，还反映了面孔本身的特殊性：只有面孔才有如此“严重”的倒置效应。不信我们可以把面孔与别的东西比一比，Donnelly（唐纳利）与Davidoff（大卫杜夫）教授曾对比了面孔与房子这两种所有人都有识别专长的信息，假设面孔不特殊的话，两者的倒置效应的影响应该接近。并且他们发现相对于房子，面孔倒置影响识别更严重，换句话说，面孔对整体识别的依赖程度在整个视觉领域“鹤立鸡群”。

那面孔倒置效应的生理基础在哪儿呢？一个能够观测到的行为应该有伴随着的生理/大脑反应。而且如果能搞明白倒置效应的生理基础，我们就能够更好地理解整体效应：同样是处理面孔的区域，哪些区域对正常面孔更感兴趣并应该更多地参与整体识别；而对于倒置面孔反应激烈的脑区，应该就是参与局部识别比较活跃的部分。于是科学家们从脑成像的角度分析了大脑活动方式去区分识别方法，他们发现不管是判断速度还是判断准确率，都随着倒置而被深深影响，甚至神经细胞对倒置的面孔有打破常规的反应。倒置的面孔与正常面孔会激活不一样的大脑反应，所以Kanwisher教授与同事将这个差异归因于大脑采用不同的处理方法，也就是在倒置之后整体识别无法进行，只能用缓慢的局部识别。进一步的研究揭露了大脑具体利用了怎样不同的方法识别不同面孔：不同的大脑区域在看到不同方向的面孔时活跃。先是有科学家发现在识别倒置的面孔时，似乎大脑招募了不属于面孔识别的区域进行加工。虽然面孔区域如梭状回面孔区以及枕叶面孔区活动，但是由于不是正常面孔，关键的梭状回面孔区“无所适从”，活跃度下降。正如同童话故事一般，大脑找到了“救驾”的方法：大脑“聘请”参与物体和场景识别的脑区以局部加工的方法，参与了进来（所以说，在看倒置的面孔时大脑都会认为这样的一张图片不怎么像面孔，有点像物体呢）。所以说，不光是处理方法，大脑也利用了不同手段来分析倒置的面孔。恰恰是这两者的交互作用，凸显了面孔的特别之处；揭示了倒置面孔的确不是“正常面孔”，需要用更接近物体而不是特别的面孔识别方法与渠道分析。

了解过大脑的处理“硬件”之后，我们来看一看大脑如何对待看到的面孔：面孔到底被当作了如何特别的信息被处理的呢？既然整体识别并不是去简单分析每一处的局部信息，那么整体识别肯定对应了一种整体信息；因此面孔上肯定能够被找到所谓的整体信息。借助实验，科学家们已经尝试对于面孔根据处理层次的不同进行划分。比如面孔研究的先驱之一Rhodes（罗兹）教授，她就曾在二十世纪八十年代把面孔信息中的特征划分为两个阶层：一阶特征（first-order feature），或者说局部特征，描绘了比如眼睛的形状和样子；二阶特征（second-order feature），或者说整体特征，描绘了面孔上的整体内容。这两种特征合在一起可以直接决定面孔的几何形象，但这并不是最好的划分方式，毕竟，整体信息这个说法还是比较笼统，过于抽象。

科学家进一步对整体信息划分为：一阶关系信息（first-orderrational information），也就是人类共有的面孔形象，所谓眼睛在上，耳朵在两侧；还有二阶关系信息（second-order rational information），详细描述了眼睛之间的距离，嘴唇和下巴的距离，描述面孔构造的信息。以关系信息划分的模型现在被广泛接受，因为它很好地反映了我们大脑如何“看待”一张面孔。

那么哪种信息更加重要呢？Maurer（莫勒）教授在他2002年的文献综述中对整体信息提出了三阶段处理模型，第一步就是一阶关系信息，他称之为“判断是不是面孔”的阶段；其次就是整体加工，然后从整体中剥离出二阶关系信息，这两步合起来完成了面孔的精细区分。当然这个模型也并非白璧无瑕，比如Taubert和同事们发现被实验者在略微看一眼面孔肖像画之后（完成整体加工），大家都能准确辨别一阶和二阶信息，所以他们以整体加工为先，然后是一阶和二阶信息细节处理。不少类似研究都对

Maurer（莫勒）教授的模型提出了细节修改；但是无论如何，整体加工以及整体信息正是大脑识别面孔的关键。在面孔这个问题上，大家都是专家，大家都能“把握大势”。不过一旦倒过来，我们的能力就不够用喽。

奇奇怪怪的照片，道出了面孔识别的特点

科学家们选择了在面孔这一片富饶的“草原”上研究，自然而然需要优秀的“行步车”。研究整体识别，就需要创造出打破整体识别或者局部识别的图片，探究整体识别的影响到底有多深入。脑成像好比汽车让科研走上了快车道，而对图片的操纵就好比石油化工，若没有好的“汽油”，再好的跑车也只能推着走。

我于上一节已经粗略介绍了下Yin教授提出的面孔倒置效应。在实验室里，科学家们还利用别的办法调整图片，换用其他角度去测量整体识别。比如有一种研究方式叫作合成面孔效应，这是一个广泛应用于面孔研究的经典方法。Young教授在提出识别模型的同时，也孜孜不倦地做了许多与面孔相关的经典研究。在他和同事的两组实验中，他们用合成面孔效应发现了情绪和身份都需要依靠整体识别。我们先说一下合成面孔。正常情况下，我们都可以看到一张完整的面孔，一张完整的面孔上自然有着相同的情绪或者说身份。但

是合成面孔效应就是建立在我们的“假设”上，故意从鼻子处裁掉一张面孔的下半段，贴上另半张面孔。比如下面这张图就是一张合成面孔，而右边的是分割开的面孔，你能判断出哪一个下半张脸是属于英国首相的吗？

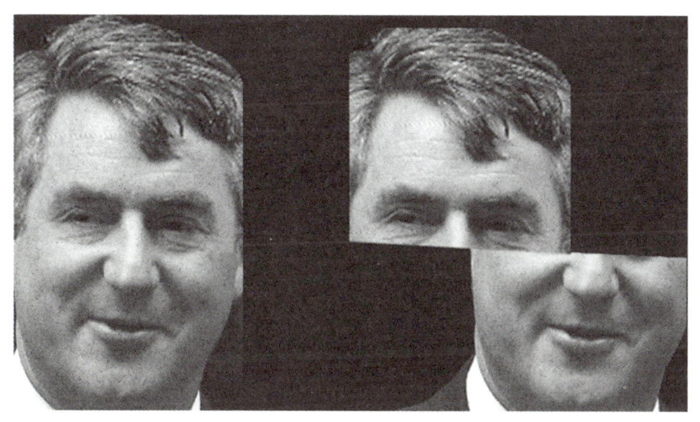

这两张面孔都是由一位名人的上半张脸和另一位的下半张脸构成的。上半张脸是英国前首相戈登·布朗，下半张脸属于英国前首相卡梅伦。左边一张图相较右边更难以判断清楚具体哪部分面孔属于哪位名人

左边两张面孔显然没有右边两张容易区分。如果通过左边连接在一起的面孔你可能很难判断，但是通过右边这张没有连接在一起的照片就能方便很多。甚至我们实验室的学妹还说，在她看了右边这两张分开的脸庞之后，她才发现左边这张脸其实不是来自一个人。这就是合成面孔效应，如果两张不同的面孔连接在一起的时候，你需要花更多时间去判断上半张面孔是谁，但是一旦分开一段距离便快不少。

“合成面孔效应”的原因并不复杂，因为这样合成的面孔非常像现实生活中存在的人，以至于我们看到这张精心合成的脸之后会

误以为这一张脸是一个整体，所以整体识别会进行处理。不过因为我们并没有这样一个被处理过的面孔的记忆，所以我们无法识别；同时，整体识别提炼了局部识别，让我们很难简单地抽离出局部特征来单独分析，整体信息作为被优先处理的信息占据了大量的认知资源。举一个不恰当的例子，电脑上用Linux操作系统（近似整体处理）运行模拟的视窗操作系统（在这个情况下近似局部处理），Windows操作系统的处理资源自然会被原本运行的Linux系统分享，使得两者都快不了。但是对于分开的面孔，我们的大脑不再把它们合成在一起分析，也就不会提前激活整体识别这样一个占主导地位的“进程”，因此局部分析方法可以更快、更少干扰地判断出到底上半张脸表述了什么信息。还是举上面的例子，作为一台双系统的电脑，如果我们开机时就只选择视窗系统（局部处理），预装的Linux系统没有被激活，也不会来“分一杯羹”。所以，相比分开的面孔，“合成面孔”令我们更难以“找回理智”，需要更长的时间判断出上半张脸的真实主人。Young教授和同事在1987年就利用这个方法研究了身份信息，后来在2000年又和另一组同事研究了表情情绪的识别，基本确定了在面孔识别的过程中，整体识别还真是局部识别的“上司”，只有让整体识别“休假”才能够更好地判断合成面孔。虽然身份和表情情绪需要不同的大脑区域加工，但是它们都呈现出合成面孔效应，可以说整体识别是一个非常重要的面孔处理手段，它的“办公室”优先于面孔的具体分析：好似前台，想进公司都得先走过那边。

整体优先效应也被广泛应用于面孔研究之中。这个设计很有趣味，其实“产自”我们的日常生活中。现在我问你，你觉得你能够只通过左边的一张嘴判断出这个人是谁吗？绝大多数人，哪怕再熟悉特朗普，都可能很难做到。这一点也恰恰是整体识别的原因。接着用特朗普做例子，同样是判断嘴唇是否属于特朗普，在完整的特朗普肖像中这同一张嘴唇识别会快很多。这一个“速度优势”恰恰是因为面孔依靠整体识别，如果只能看到部分信息，比如单独一张嘴，我们并不能有效地利用它、分析它。自然而然地，只有在整体之中，判断局部的信息才会被快速地识别。

利用这么多的研究手段，科学家们发现当我们以某种方式打破常规面孔构成，也就是破坏整体识别时（面孔倒置效应）判断能力下降。当塑造出以假乱真的整体面孔之后（合成面孔效应），对于“假的面孔”的整体识别优先一步反倒影响了对于目标半张脸的局部识别。当比较同一个局部面孔特征在单拿出来还是放在整体之内的时候（整体优先效应），整体可以提速识别。希望在我极其详尽地转述这些“优雅”的实验结果之后，你能理解整体识别在面孔识别中占据主导地位。

“撒切尔效应”

相比通过合成面孔效应那样相对复杂的研究方法，其实理解整体识别还能通过一个有趣的视觉错觉来实现。我们现在就来看这样一个有趣的现象：面孔倒置之后会出现识别上的视觉错觉。虽然说早在二十世纪六十年代末就有科学家研究了倒置的面孔，下面要介绍的错觉源于它，却影响到了学界之外。一般我们称这个现象为“撒切尔效应”，因为第一位使用这个效应的是Thompson（汤善森）教授，他选用了当时非常出名的英国首相撒切尔夫人的头像制作了一组很有趣的面孔图片。恰巧是利用了这样著名的人物，赶上了流行文化的顺风车，这个有趣的现象走出了论文，进入大众的视野。当然，这个现象肯定不只存在于撒切尔夫人身上，我就用了基于我本人面孔的图片制作了相类似的一组错觉图片。仔细看下后面四张图片，你能不能判断下面两张图哪一张才是左上角图片的倒影？我在这儿给个小提示，试着把这本书倒过来看一看。

左上角很明显是原始图片，看起来没有异样，但是下面两张图片看起来就有趣多了。似乎两张图片看起来都很像左上角的倒影。

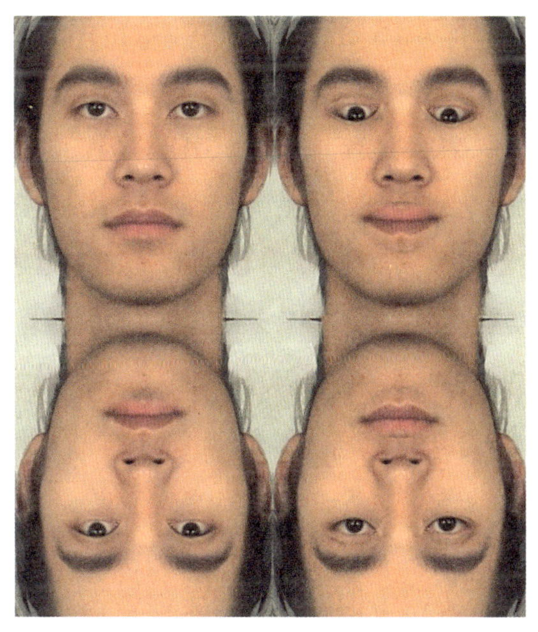

为了方便展示，我不惜牺牲自己的面孔。虽然右下角的面孔和左下角的比起来几乎没有特别的感觉，但是右上角的图片实在是太奇怪了。事实上，上面两张照片和下面两张是镜像，倒置让奇异性削弱了不少

但是事实上，上下的照片互为镜像。也就是说右下角这张看起来挺像回事的面孔事实上是右上角那张像外星人一样的图片的倒影。或者，从另一个角度看，看起来样子扭曲的右上角面孔，经过颠倒工序，变得不再那么稀奇古怪。正如同我之前说的，这个效应可以产生在任意一张面孔上，只要把嘴部和眼部倒置就清晰可见。不过为什么呢？为什么我们会产生这样的错觉呢？为什么整体倒过来之后我们就看不见局部的怪异了呢？

自“撒切尔效应”被刊登在大众杂志之上，很多人将这个作

为心理学的有趣现象看待。当然科学家们没有就此满足，不少科研工作者试图用这个效应深入探索大脑对于面孔的理解。有科学家发现，在“撒切尔效应”中（如图），右上角那张扭曲的面孔，倒置了之后就不再显得奇怪。对于这个效应，科学家解释为“奇怪性”的改变还是由于倒置，因为倒置打破了对于面孔的整体识别，所以说面孔的“奇怪性”不能被整体识别，从而“奇怪性”会显得模糊。Rhodes（罗德）教授和同事们针对这一种效应做了一个有趣的实验。就好比右上图很奇怪，但倒过来之后的右下图看起来顺眼多了。他们在三个实验中发现相对于倒置的面孔，倒置的眼睛“奇怪性”减弱得不是很多。根据前人的研究，我们都非常熟悉正常的面孔，熟悉正常的情况下面孔排列的关系，我们简称为“逻辑性”。经过他们细心的分析，发现如果这个图片本身有很强的逻辑性（面孔的排布），那么倒置会更加明显地缓解图片的扭曲性。于是，他们认为这个效应反映了面孔识别中的逻辑性，也就是所谓的整体性。因为我们对正常的面孔整体加工，而对倒置的面孔局部加工，所以倒过来之后，一切都变化了呢。Bartlett（巴特利特）和Searcy（瑟西）也相似地揭露了该效应背后关于整体识别的秘密。他们通过完全不同的实验也发现了我们在对比正常面孔时依赖于整体的加工，但是，在对比倒置面孔时更依赖细节分析。

总而言之，我们在处理面孔信息的时候，我们的视觉系统更多地依赖于整体、构型识别，而不是主要依靠细节、特征进行面孔识别。在这里的整体识别不是说对于个体识别的简单相加，不是说先识别眼睛再鼻子再嘴巴最后加起来，而是将五官的信息整合起来一起识别。这样的能力，基本每个成年人都具备，不得不说会超出很多人的想象。可是我们的大脑就是这般神奇。虽然说我们对于面孔识别都有着无与伦比的能力，可以不费吹灰之力地识别。不少科学家非常认可我们识别面孔的能力，并且把这种能力总结为专长。根据前人的研究，我们识别面孔的专长只是针对正常的面孔，也就是拥有正常排列次序的面孔：眼睛下面是鼻子，鼻子下面是嘴巴。所以在正常情况下，能熟练运用“专长”的我们更倾向于整体识别，所以说，奇怪的眼睛和嘴巴更容易被发现。但是在被倒置之后，没有识别倒置面孔“专长”的我们，不得不利用局部信息一点点区分，所以局部的倒置在这里被混淆了。我们的大脑虽然能意识到倒置，不过可能转不过弯来，所以在整体被倒置的情况下（右下图），被提前倒置的眼睛和嘴巴会和正常情况一样向上，我们熟悉了正常情况的视觉系统，很容易被这样的“现实”麻痹，也就感觉不出（或者很难感觉出）异样。不过话说回来，眼睛和嘴往往能传递非常多的面孔信息，我们将会在之后的章节细细地讲一讲。

模糊中都能判断清楚

在初步体会到整体和局部识别之后，我想再举一个有趣的例子，方便大家理解这两种识别方法的区别。我们假设这两种相似的环境，第一个是忘记了戴眼镜的上午，第二个是在漫天大雾中，而共同的目标都是寻找一个特别的人。这两种情况有个共性，那就是除了鼻子，我们伸手肯定看不清楚五指。在这么恶劣的环境下，对面的行人可能看起来像下图一般模糊不清。

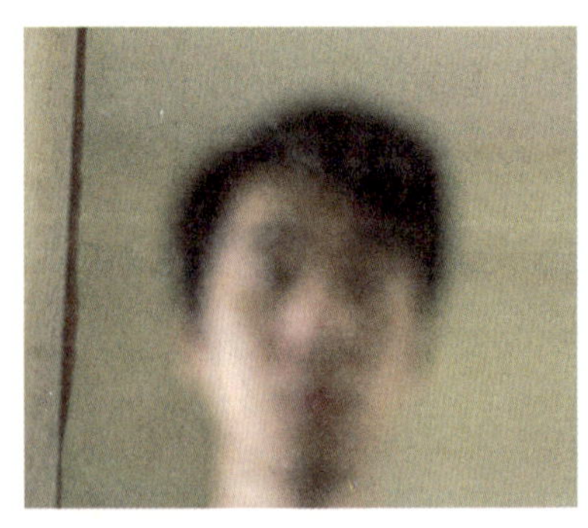

可能你不能认出图片中的这张面孔，但是我的朋友们都能够判断出这张面孔属于我本人。为什么模糊的面孔还能判断身份呢？这就要说一说空间频率了

不过根据我们的经验，这样的情况下我们还是能够分辨熟悉的朋友，找到熟悉的快递员。也就是说我们在模糊的情况下还是可以辨别他人的身份。按道理，不借助语言，单纯从视觉角度分析，我们完全可以识别他人的身份。这样巧妙的过程完全可以借

用大脑对面孔识别的过程进行。大雾虽然有毒，但是并不会影响我们的识别能力，所以说我们并没有利用所谓的“模糊情况处理热线”。同时，大雾或者不戴眼镜并不会直接遮盖面孔，所以我们在识别模糊的面孔时并不是完全利用用于识别被遮盖的面孔的方法。

不谈大雾和摘下眼镜的光学原理。从主观感受方面，我们看不清楚近处的东西，也就是说能见度下降了。那么在这个情况下，我们眼前所有的东西都会变得朦胧，近点的东西相对还好，远处的东西基本就是一片色块。这种“模糊”对于面孔识别究竟有什么影响呢？从经验角度，我们可以发现，似乎人脸的轮廓还能看清楚，但是细节难以辨析。举个例子，在雾里面，我们能大致判断出眼睛在鼻子上面，来者是正常人类不是外星生物，但是我们很难分辨对面的姑娘今天眼线画好了还是疵了。是为什么呢？下面我从识别视觉信息的角度大致解释一下。

大脑对视觉信息的处理非常有趣：简直是信号论的完美实用范例。在我们人脑最后端，一个叫作枕叶（temporal lobe）的区域有一处专门涉及视觉分析的部分。在枕叶最后面有一个区域叫作初级视觉皮层，它正是枕叶皮层上最先开始处理视觉信息的神经区域。初级视觉皮层完全接受了视网膜收集到的信息，不过我们的大脑并不是一股脑儿将信息分析。初级视觉皮层上有上千万的细胞有着各自的个性，不同的感受也让它们只对少数的刺激类型有兴趣，可以说相当专一。正因为不同的细胞对不同种类的信息有着不一样的活跃，不少细胞只对特定类型信息有反应。不知道是有意还是无意，我们的初级视觉皮层悄悄地对视觉信息进行了一次傅里叶转换。这样的转换把图像按照空间频率进行了划分，这种划分恰恰是基础的视觉识别过程中被我们的神经系统采用的。说起来也有趣，我在学习傅里叶转换的时候花了不少时间，不过没想到大脑早就熟练地运用了相同的技巧。在被傅里叶转换之后，一张被看到的面孔按照刺激物的空间频率被划分成了不同的层次。不过不用担心我们的世界在我们心里会支离破碎。在枕叶的视觉皮层上，视觉信息的确按照空间频率被区分开，但是在较高级的视觉皮层，比如说梭状回面孔区，会被整合（binding）成合理的样子。我们可以用电脑大致模拟一下这个过程。

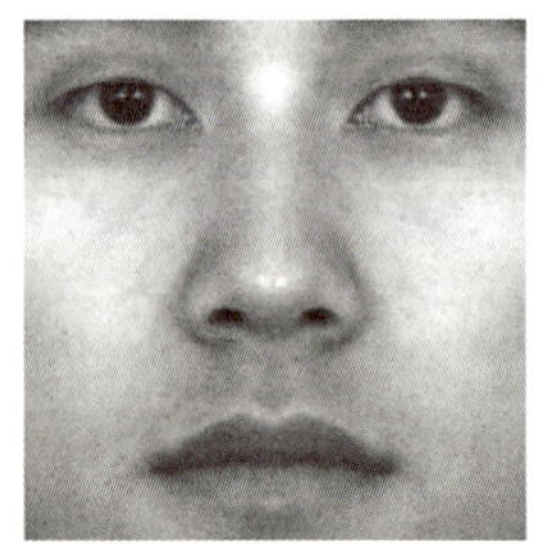

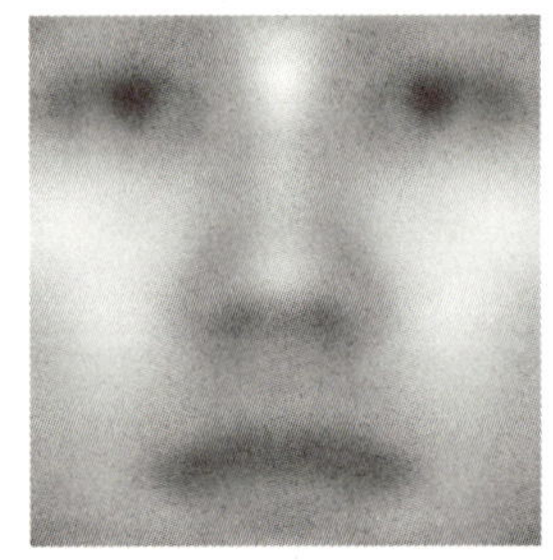

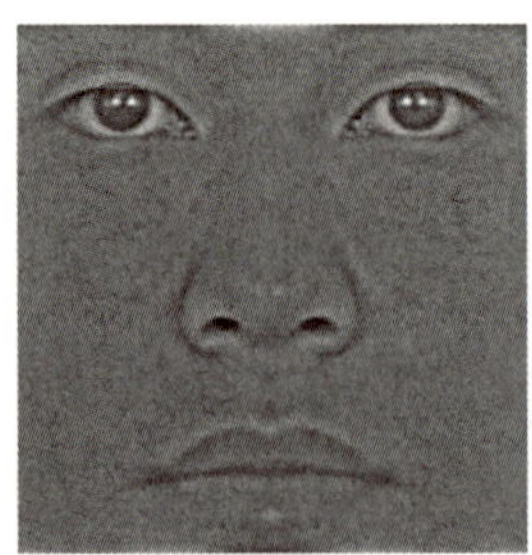

上图是原始图片，而下面三张图是基于这张图片的不同空间频率的组成成分。从左到右空间频率依次上升，图片更加锐利，边缘细节更加清晰。我们的枕叶无时无刻不进行如此的分析

空间频率在科学上指在一定单位长度上，某种几何形状出现的次数（正弦调制的栅条）。这么抽象的概念不是每个人都能一下子理解，用好理解的话说就是，空间评论类似于（但不完全是）图片分辨率：低频率的信息就类似低分辨率的照片，有点复古的像素风格，提供大空间尺度的信息，反映了粗糙的颜色和阴影，不过看起来模模糊糊，有点无法分辨什么是什么；而高空间频率信息正好相反，可以理解为一组地图上精细的等高线，它们最大程度上表现了小范围的光线变化，但是忽略了其中的具体内容，比如颜色还有阴影。一般而言，在一张图片上高空间频率出现在形状变化巨大的地方，比如图片的边界之处，比如发际线、眼袋，甚至法令纹；可以说高空间频率信息可以更有助于我们判断皱纹，从而了解对方的年纪。一般而言，我们判断地方、场景甚至文字都依赖于高空间频率信息，比如说你正在读的这行字基本都是高空间频率的；你想一想摘了眼镜且离远了什么字都看不清楚。但是面孔独一无二，它深深地依靠着两种空间频率的信息，甚至说可以完全依靠低空间频率进行传播。

低空间频率信息相对而言能够提供整体的相互关系。也就是说可以帮助我们判断对方的情绪以及健康情况。高频信息看起来比较细腻，而低频的往往感觉糊成一片；从数学角度你也可以直观地了解两个频率的差异：你可以数一数，一张高空间频率的图片上有8到16对亮度对比强烈的条纹，而低空间频率的图片也就2到8对。空间频率甚至和关注点也有关系，如果面孔正好在我们的注视之下。但是这个对于面孔识别有什么关系呢？对啦，大雾甚至说近视都能够严重削弱高空间频率（HSF）信息，但是不太影响低空间频率（LSF）信息，也就是说这个雾正是一种低空间频率信息过滤器，高空间频率信息难逃厄运，不过低空间频率信息依然畅通无阻。比如说，在光线良好的时候我们一眼就能分清楚动物园里的斑马，但是一旦模糊，大雾降临，斑马看起来就像灰马。难怪在大雾之中，我们对低空间频率信息还能识别，对高空间频率信息的识别只能举手投降。但是这个和面孔识别又有什么关系呢？

同样的斑马，在模糊之后（比如大雾或者摘下眼镜）不光看不清楚，甚至空间分辨率都会被影响，连条纹都难以被数清楚。不信你数数看，右图有多少道条纹

让我们回想下上一节的内容，整体识别正是面孔识别的关键，它的处理其实非常依赖构型信息，或者近似说是整体信息；也就是说，我们识别一个人是谁并不是依赖于面孔某些特殊的形状，而是将它们整合起来。聪明的读者肯定已经发现这部分结论和前面“撒切尔效应”的关系。严格说来高和低空间频率都能给大脑提供分析构型效应的信息：低空间频率信息比较粗糙，通过外侧膝状体的M

细胞配合皮质下通道传递，处理与加工速度快，可以说是“速写画”；高空间频率更为细腻，通过外侧膝状体的P细胞配合皮层通道处理，需要更长时间传递和加工，算作“工笔画”。这两个通道和信息类型正是我们进化的一个写照：高速加工一般而言比较古老，比较快却粗糙；低速加工出现更晚，不过细腻且准确。在面孔身份方面（“他是谁？”），我们的大脑也巧用了两个通道的两种层次信息。梭状回面孔区这样一个处理面孔身份的重要区域，不少科学家就发现它对高、低空间频率信息来者不拒，但是分开处理。正因为高、低空间频率信息只是在这儿处理，我们可以说正是梭状回面孔区将不同空间频率信息进行整合（前端处理低空间频率信息，后端处理高空间频率信息），进而汇聚出我们对于面孔的整体识别。作为对比，我们识别文字的文字识别区与梭状回面孔区在位置上几近左右对称，但是这个针对文字的脑区只喜欢高空间频率信息。相比而言，我们判断面孔比判断文字时，神经系统对于信息宽容度高，我们在判断面孔时更方便、更老练。能有如此“博爱”的梭状回面孔区来判断面孔真是幸福而且方便。

在判别他人面孔的时候，二阶关系信息（比如眼睛间距离）和整体信息（所有信息整合为一体而不再估计每一处的局部信息）为面孔识别提供了方便。面孔整体识别更着重于依靠低空间频率信息而不是高空间频率信息，举一个例子，当我们在判断别人身份的时候，梭状回面孔区会对低空间频率信息反应更加活跃。当然两种空间频率信息都对面孔识别提供了线索，但是也有先后关系。虽然完整的识别也不能少了高空间频率信息，但是我们所讲的低空间频率信息恰巧是整体识别必不可少的重要材料，更不要提低空间频率信息相较高空间频率信息更容易传递和处理。不过真实生活中当我们判断“他是谁”的时候，还是LSF更占主导而且重要，就如同前面几节提到的整体识别比局部识别更加重要。比如说在先天性面孔失认症的群体中，他们有着相对完善的情绪识别能力，但是没有完善的身份识别能力，研究人员发现他们的梭状回面孔区有着缺陷（具体是活跃性还是连接程度有待进一步研究），这一缺陷导致了身份识别障碍。但是这个障碍源于这群人没办法合理地分析低空间频率信息，所以巧妇难为无米之炊，没有LSF信息，面孔识别就如同正常人看到倒置的面孔一样抓瞎了。换句话说，只要有低空间频率信息被我们捕获，我们就能整体识别这张面孔；只要这部分信息足够，我们也就能够判断出这个人是什么情绪，他到底是谁。

虽然模糊的面孔让人捉摸不透，但与身份识别息息相关的低空间频率信息并没有被太多影响，所以对于普通人，我们依然能够针对所拥有的信息进行身份识别。当然，高空间频率信息也能帮助我们识别他人，很明显戴上眼镜识别更方便；不过相对而言，整体识别才是面孔识别的大梁，大梁的基础，低空间频率信息很重要呢。当然高空间频率的信息也能够提供一定的整体信息，帮助大家识别面孔，不过重要程度上还是差一点。最后告诉大家一个小贴士，因为大脑结构的原理，我们梭状回面孔区针对高空间频率信息这样一种细节丰富可以提高判断正确率的信息有着一定要求，具体而言就是面孔处在我们视野中心（视野中心也就是正对着视网膜中心凹）时其高空间频率信息可以被最优化处理；言外之意也就是想要看别人看得更清楚，还是得正眼看人，正因为高、低空间频率信息只是在这儿处理，我们可以说正是梭状回面孔区将不同空间频率信息进行整合（前端处理低空间频率信息，后端处理高空间频率信息），进而汇聚出我们对于面孔的整体识别。

露出多少能被看清楚?

判断一张完整的面孔对大多数人来说是轻松简单的。基本上看一眼我们就能判断对方是谁，什么情绪。但是实际生活中，我们的面孔并不是完整呈现的。比如说不合适的角度会遮盖面孔，头发或者墨镜等饰物也可能遮掩面孔。甚至我们有时候会用手有意遮盖面孔。在害怕的时候我们会遮住眼睛，在难过的时候我们会用手包裹整张脸，有时候笑得太过开心我们也会用手遮掩住口鼻。在这些情况下，随着遮盖区域的增大，留给他人判读的余地越来越少，以至于让人分辨不清。所以说，在古代化装舞会的面具，或者说侠客佐罗的眼罩，只是遮盖了一部分面孔，甚至说只是遮盖了眼睛区域，就让面孔信息难以被加工。前面几节我们谈到了我们判断面孔还是得依靠整体信息，这样被严重遮盖的面孔自然不足以被整体信息所识别。

同样是遮盖，侠客佐罗的眼罩让人分不清他的真实身份，而我托着腮帮子并不会让同事找不见我；同样是遮盖似乎位置不同效果也不同。所以新的问题出现了：遮盖到多少才会影响整体识别呢，我们需要多少信息完成面孔的认知呢？在流感暴发的时候，大家不免都需要戴口罩，不过很多时候我们对熟悉人的识别并没有受到太多的影响。在一些场合，在墨镜的遮掩下能分清楚对方是谁的情况也是存在的。那么在这种情况下，局部够用吗？或者说，我们要识别一张面孔至少需要多少信息呢？这个问题与上文中整体局部相比并不一样；之前提到的研究总是将总体和局部分隔开来探讨：比如Liu（刘）、Harris（哈里斯），还有Kanwisher教授研究过倘若肖像画上的五官故意被打乱，甚至被替换，残余的面孔局部信息对识别基本是不够用的。但是我们现在思考的问题在于遮盖，或者说面孔并没有被挂起来（倒置效应），也没有被移花接木（合成面孔效应），更没有被“乾坤大挪移”（局部）；相反，这个问题是在考虑整体环境不改变的情况下，多少局部信息足够支持面孔识别。虽然共享了“局部”这个名词，但实际差之千里。虽说遮盖一张脸很简单，但是研究遮盖的影响可是难倒了不少学者，因为普通的遮盖方法并不是很好用。大家想一想，如果像打马赛克一样对面孔遮盖住一部分，总是难免会武断。正是由于每一个科学家都要自己做出几张图片，很多情况下图片的制作会影响最终的结果。

那怎么办呢？解决这个问题需要几个关键点：第一，面孔还得是那个面孔，一切操作都是在遮盖面孔部分，也就是说面孔本身没有变化，变化的应该是那个“遮盖”；第二，遮盖点的选择要有适应性，像文学作品中的佐罗一样只遮住眼睛周边是不行的，相反遮盖的地方需要有变化。能做到这个的有两个方法：第一是在照片上随机分布噪点，但是这个方法有着局限性，就是遮盖还是比较均匀，好比一套面纱，所以不能够完美解答问题；第二个就是Schyns

（许恩斯）和Gosselin（戈林斯）两位教授在2001年提出来的“气泡脸”（bubbled face）方法。说到对面孔的遮盖，两位教授还把这样一个看似干扰面孔识别的“障碍”变成了理解面孔加工的“云梯”。

在他们提出这个技术之前，科学家很苦恼如何分析面孔部分对于识别的影响，简单地如同上图的切割似乎不妥。要是保留整张面孔，那么科学家们就要去分析人在识别面孔时到底看了哪些地方。但是这样利用眼动数据的研究往往受限于实验设计本身：（1）哪怕我们记录了注视点（或者ROI），但是余光扫过的内容怎么检测？余光也能提供不少信息。（2）给你足够长时间，每片树叶都能分清楚。总而言之，实验设计不太好弄，数据的解释也不太方便。Schyns教授和研究生灵机一动，干脆把一些地方遮起来不就好办了吗。原理其实很简单，两位科学家觉得面孔上每个细小区域并不是同等程度上为识别提供了信息。那么他们就在脸上放置了不少细小而透明的小气泡，在透明气泡之外的部分是无法看见的。这样一步一步减少可以看见的空间，就可以用排除法找到到底哪些面孔区域是识别的关键区。比如说，眼睛如果是情绪识别的关键区域，只要眼睛看不见，情绪肯定不好识别。结果其实也很有趣，他们指出分辨情绪需要的面孔区域最少，其次是性别，而识别身份几乎需要整张面孔。难怪佐罗蒙了眼睛大家识别不出来，不过他的笑容丝毫不受阻碍。

两位科学家的思路颇有奥卡姆剃刀（奥卡姆剃刀定律，又称“奥康的剃刀”，它是由14世纪逻辑学家、圣方济各会修士奥卡姆的威廉提出。这个原理称为“如无必要，勿增实体”，即“简单有效原理”）的风骨：既然我们要研究面孔哪些部分对于面孔识别有影响，那么我们就开始随机地遮掩面孔。比如说我想研究下识别笑容相关的面孔区域，那么我就开始遮盖面孔，如果一张气泡脸能够被识别，那么我们记录下来这张图片中有哪些位置是可以被看见的。反复多次实验之后，总是被记录下来的部分自然是识别所必须的部分。

虽然他们两位的论文本意不是想要探究识别的信息需要多少，而是纯粹介绍这样好用的科研手法；但是结果也说明了不少有趣的信息。第一点，就是识别身份的时候，几乎面孔上所有信息都被动用，唯独头发不是那么重要。研究的结果指出，判断身份还是依靠五官。也就是说，眼睛、鼻子，还有嘴，加上互相的结构关系(总体信息)奠定了身份识别。第二点，那就是我们人识别判断面孔不完全是依靠两张面孔的差异，更多是利用面孔而不是图片与图片的绝对差异。

从这个角度来说，我们判断面孔的身份的确不是简单得如同比较两张图片的信息，而是分析它背后的含义。

大脑尽力了

在本章的结尾，让我们回顾一下这一章。在这一章我大致阐述了面孔识别的基本脑机制；还有面孔识别的基本方法：整体识别，而非局部识别的简单叠加。这一种方法的巧妙程度可能超乎想象，但这正是大脑的工作原理。为何我们大脑喜好整体识别？这个问题还是得回归大脑对于视觉信息处理的机制上。整体识别首先依赖于大脑在视觉信息初步加工时对于空间频率分开处理这一机制，在这儿各方面研究充足。整体识别的第二步就发生在稍微高级的大脑皮层，比如梭状回面孔区、颞上沟，或者杏仁核；它们的较早活跃也是与初级加工时低空间频率信息处理比较快有关系。但是为什么就是这些区域识别面孔，还有它们如何发育还远远没有被研究透彻。它们在身份识别、情绪识别、美貌还有其余社会特征识别等众多方面的功能我会在之后的章节提到。不过面孔识别背后深藏的原理、机制，甚至一些计算方法可能还得依靠一代又一代的科学家去慢慢探索。

我们不妨从身份开始说起，我们是怎么利用面孔来判断“他是谁”的呢？

面孔与身份：“你是谁？”

我们可以很容易判断出对方是不是我们的熟人，也可以判断出他是谁。不过我们为什么有这样的能力呢？到底我们的大脑默默做了多少贡献？

判断迎面走来的人“认不认识”这个小问题，对大多数人来说可谓“轻松又简单”。可是在心理学家的眼中，此过程复杂得不能再复杂。我们在走道上判断迎面走来的人群里“到底谁是同事”这一个过程在心理学家眼中就好比超新星爆炸一样蕴含着无限的内容。在他们眼中，面孔身份的判断，或者说“你是谁”激活了一片脑区，使用了目前人工智能都没法模拟的巧妙方法。

再多言语也难以描述身份对于我们生活的影响，所以我们想象一下下面的例子。如果老板不能识别熟客的面孔，一家烤串店可能会以“没人来照顾生意”而结尾；如果不能识别自己孩子的面孔，去幼儿园接孩子的过程可能会在“将涉嫌抢夺儿童的嫌疑犯扭送到有关部门”中结尾；如果不能识别自己客户的面孔，去机场接对方的行程可以会以“上百万的项目长翅膀飞了”而结尾；甚至如果识别不了“威利”的面孔，妙趣横生的插画作品《威利在哪里？》（*Where's Waldo?*）就会索然无味。

倘若面孔的判断非常缓慢，我们周遭的一切都会显得奇怪且令人发笑：聊了十几分钟天的两人才认出对方是谁；把孩子送到了学校才发现其实是邻居的孩子。还好我们的大脑避免了这些"困难"，对于面孔身份的识别都在静音模式：我们可以很容易判断出对方是不是我们的熟人，也可以判断出他是谁（倘若我们认识他的话）。不过我们为什么有这样的能力呢？到底我们的大脑默默做了多少贡献？

要是你还记得上一章的内容，你会记得Haxby教授的面孔处理模型：面孔的识别涉及多个面孔处理系统工作。你也可能还记得面孔识别更依赖整体识别，但这并不代表每时每刻它们都被整体识别。比如Pitcher（皮彻）和同事就发现如果干扰了枕叶面孔区这样一个核心模块，但不去干扰梭状回面孔区这样一个核心模块后，面孔的局部内容识别能力下降但是整体识别不受影响。所以说我们讨论的整体或者局部还是比较笼统地观察整一套处理系统的，或者说是梭状回面孔区这一个最为关键的地方。在这一章，我会细细谈一谈我们怎么识别熟悉的人的面孔：在识别"他是谁"的时候面孔有多么特殊；我们的大脑如何为了判断身份而活跃；在我们的脑海中我们到底怎么看待一张张面孔。

外国人的面孔真难辨认！

美国歌手、诗人吉姆·莫里森就说过："People are strange, when they are a stranger（当他们成为陌生人时，他们会变得很奇怪）。"在我们眼中，不熟悉的人总有些奇怪，更遑论八竿子打不着的外国人。我的室友Alex是一位美国人，我从他身上深刻体会到"外国人的面孔有多么难以记住和辨别"这一事实。尽管Alex去过亚洲很多次，但是我们刚在一起租房子时他对我抱怨过认不清我们学院那间大办公室里的那些亚洲人面孔："我有点分不清我们办公室的那个日本交换生还有学心理系的那个越南姑娘。"这样的问题其实很多人都有，比如有的人分不清楚NBA的球星，也有人看意甲的时候不能够识别热那亚队的球员之间的差距，我听过最极端的例子是无法分辨辣妹中五位成员。是因为这些人记忆力不好吗？不可能，Alex连我们一个礼拜前吃过的午饭都能记住。是因为大家不认真去识别吗？不少姑娘为了男朋友看NBA非常认真，却也分不太清楚那些"蓝领球员"。这个问题背后也蕴藏着面孔识别的特殊之处：因为身份的记忆更多涉及整体识别，靠细枝末节去做区分可以说"过不了十五"。

在心理学学科体系内，科学家把这个现象叫作"异族效应（other race effect）"。对Alex来说，办公室的这两位姑娘都不属于他所熟悉的种族。事实上，很多人都有着异族效应：效应弱的人可能没有显著问题，不过是记忆外国人的面孔要多花点时间；效应强的人可能会感觉外国人都是一个模子里刻出来的，无论如何都分不清楚他们之间的差异。所以当外国人的面孔有点接近的时候，大家就会觉得越来越难以判断。有一次我给Alex看了看我们上海的SHN48组合的照片，他当时就崩溃了。

科学家发现这个效应后兴趣盎然。社会心理学者身先士卒，他们称"异族效应"就是因为我们不太熟悉外国人的面孔，相反因为我们接触本族人比较多，可以说熟能生巧。Webster（韦伯斯特）教授的研究也侧面表明了这个问题，当一群日本人刚到美国的时候的确不太擅长区分高加索人种的相貌，但是待了一年之后识别能力虽然没有达到美国人水平，不过相较曾经的自己可以说"成绩斐然"。

对于面孔研究的科学家而言这并没有太多社会要素，更多的是在于人们如何处理种族与身份交互而复杂的面孔信息。不少科学家通过面孔整体识别的特性进一步分析了这个问题，我们对于熟悉的人采取整体识别，但是对于不熟悉的人采取局部识别。自然而然，我们对于国人会用整体识别，直击人与人身份差别；而面对外国人的时候，局部识别扰乱了我们的判断，正确性和判断时间都不甚理想。阅读了前几章的朋友就知道，整体识别又快又准确，局部识别又慢又不准。正是因为有足够的接触机会，我们对于本族人的识别上升到了整体级别，这样的“专长”自然不存在于外国人身上。

时间过去了许久，Alex已经与办公室的姑娘们谈笑风生，他甚至能够判断出日本人和中国人相貌的一些差异。“异族效应”不是说明你不认真，只是反映了我们识别面孔身份的一种客观规律，不用害羞也不用担心。从Alex的例子和实验的研究成果来看，对于我们克服“异族效应”最好的良药就是混入他们当中，看多了也就学会了。到底“外国人”的面孔和我们熟悉的人的面孔有什么区别呢，我们在下一节接着看。

利用面孔"地图"来"计算"面孔

熟悉数学的朋友知道，我们在研究几何问题的时候，倘若有数学大师笛卡儿创立的平面直角坐标系就会方便很多，因为每一个点的位置可以转换为一个坐标系上的坐标值。那么我们能不能把面孔的每个细节都用参数记录和表达呢，比如眼睛的尺寸？这有点类似计算机科学的思路，如果我们能够把面孔的数据精确记录，再通过"解码"还原处理数据呢。事实上，在识别物体或者空间时我们的确这么做，但是对于面孔还真不行。毕竟相对房子与房子的差异，柴犬和秋田犬的差异，我们人面孔与面孔的差异可以说是细枝末节：眼睛宽度多两毫米，高度短两毫米，然后再互相多隔开两毫米听起来差异不大，但是看起来一清二楚。从这个角度而言，单纯记录面孔上的差异，不管是整体信息的还是局部信息的差异，都会导致以下两个小问题：（1）数据巨大，一张面孔少说有十余个参数，自然效率不高。（2）偏差度不低，因为我们的眼睛没有那么精确。所以说按照计算机科学的思维理解大脑不太好，但是用数学（统计）这样更加贴近生活本质的方法更加准确：我们的大脑在一张假想的地图上，把一张张面孔都用几个坐标系上的值来代表，进行一些数学计算和比对就可以用最少的数据和参照系反映一切面孔了。这样记录面孔数据似乎简单了很多：我们只要比较和记录一张面孔与“参照点”的差异就可以了。

在曼彻斯特大学的Valentine（瓦伦丁）教授曾认真研究过这个设想。他从（前面章节提到的）“面孔倒置效应”以及“异族效应”获得启发：这些面孔我们判断不出来会不会是因为它们都不符合我们面孔识别系统的“口味”，是不是因为它们在我们的大脑内不是特别熟悉；因而可以说这些面孔对我们来说算是比较遥远的，或者说和我们的经验比相对较远。那么Valentine教授就进行了如下的设想：面孔的识别会不会也是像笛卡儿坐标系那样呢？在这个想象中，我们熟悉的面孔应该在坐标系原点附近，而原点就是一个抽象的模板。概念中的模板可以被理解为我们所接触的面孔的一个平均；所以说每个人心中的模板会有着个体差异，我们每个人心中的模板也会随我们的社会经验越来越丰富而变化。我因为接触中国人时间更长，大脑中的这个模板可能更加东方化；我的室友Alex由于从小在美国长大，他心中的模板可能就比较西方化。这一个观点可以很好地解释上一节提到的“异族效应”。比如就用后面一张图指代Alex心中的面孔分布“地图”，这张假想的“地图”是二维的（事实上可以很多维度，方便起见我们假设是二维的）。中心正是Alex心中对于面孔形态的模板，它正是由Alex所熟悉的人构成的。图上每一个彩色圆点点都指代了Alex熟悉的面孔（比如他家人的面孔）。而我作为一位亚洲人，面孔特征会与Alex所熟悉的面孔有所差距，所以可以被表示在离中心遥远的一个角落。倘若一张面孔远离中心，大脑需要加强神经细胞之间的连接（相较于靠近中心的面孔），激发更大的活跃，也耗费更多的时间（毕竟连接差一点）。所以说“异族效应”正是由于外国人的面孔离自己内心的模板比较远，难以分辨。

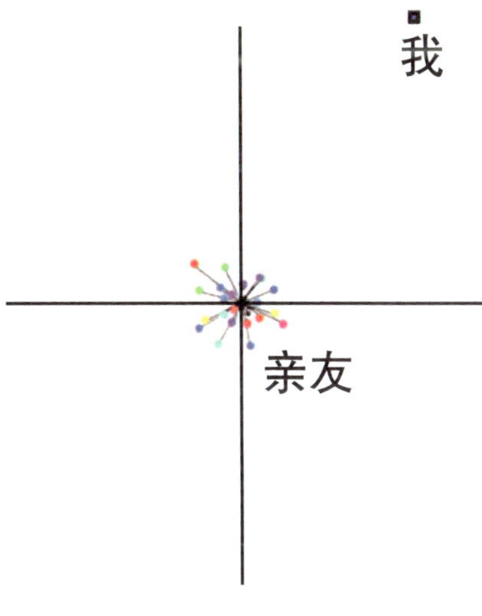

假设下Alex脑海中的面孔二维地图。相比Alex的亲友，在刚认识我的时候，我的面孔在他“心中的位置”偏远无比。当然，随着经验和熟悉，我走近了中心；自然而然判断起来方便多了

这个假说的核心在于假设人在判断其他人的时候是否与在中心的模板进行对比（norm based）。不过Valentine教授的实验本身没有能够直击问题的中心，而是在探讨模板与另一种假说的优劣。他的实验中阐明模板模型的充分条件（即当模板为真时，这些条件亦为真）：倒置、外国人的面孔的确看起来比较奇异（离中心远），因此判断的正确率较低，耗时较长（难以识别）。这两个发现符合了面孔地图的模型，但是并不能直接、准确地推导出我们就是通过中心来进行判断的。仅根据当前的实验结果，我们也可以解释“亲友圈”（亦不是按照绝对中心进行对比，而是将熟悉的面孔作为一个整体来看）是判断的核心，离得远的“陌生人”或者“奇怪面孔区”就是判断起来麻烦。

直到2001年，Leopold（利奥波德）教授的团队找到了印证“依

靠面孔模板分析”假说的方法。方法很简单，那就是利用“适应后效”的方法。适应后效很有趣味，我在这儿再解说一番，当我们长期看到（适应）一张开心的面孔，之后的面无表情的面孔看起来也会有点不开心（后效）；同样，长期观察一条凹下去的曲线（适应），之后看到的直线会稍稍向上凸（后效）。总而言之，我们的大脑神经会随着最近的刺激短期之内修改处理方式，这样的修改永远朝向适应物到中心模板的方向进行。Leopold教授利用了这个手段，假设我们判断面孔时是对比中心模板，如果我们适应了甲的面孔，那么所有的面孔看起来都有点不太像甲的，其中反应最为强烈的就应该是按照甲的面孔特征做出来的“反甲”的面孔。也就是说在一个方向上的适应后效最为强烈也就能够证明处理图片是沿着适应物与中心模板的方向进行，也就说明，一起判断就是按照中心模板而不是别的什么东西进行。就如同下面一个例子，如果我们适应了反甲的面孔而不是乙面孔，那么之后看到甲的面孔应该更突出，更好被判断。

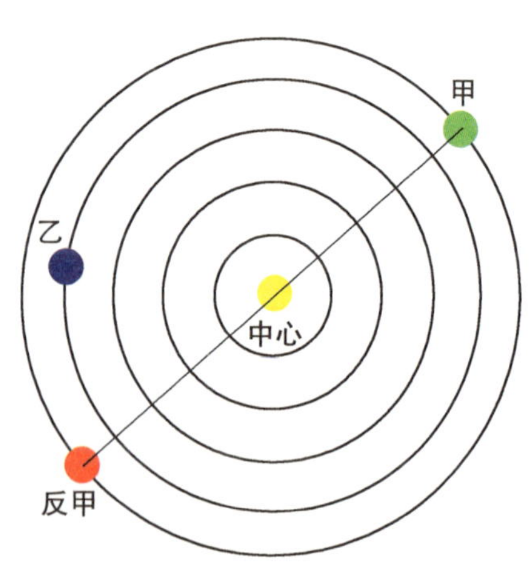

看多反甲的面孔之后，中央的图片看起来都有点像甲了呢。但是因为乙不在这个轨道上，再怎么看甲你也觉察不出乙来

从2005年开始Rhodes教授的团队通过大量实验，丰富而且弥补了Leopold教授团队在世纪初的研究：面孔在我们大脑中可以被理解为在多维度坐标系内的一个个点。他们清楚地指出了我们的面孔判断就是按

照与中心对比的"数据"进行的。他们的实验室还发现这种判断的方法在小朋友身上也有体现：虽然小朋友并不会解几何数学题，也不是很了解计算方面的方法，但是他们"无师自通"，也会通过对比一张张肖像画与他们心中的模板来判断对方身份。对比中心模板处理面孔的方法就好比电脑用RGB值而不是一张张色彩图片更有效而且快捷地记录彩色数据，我们的大脑可以利用一张面孔与中心面孔的"差距值"，或者说坐标值，来判断各种各样的信息。到目前为止，心理学等方面的研究也与这一个从行为实验推导出来的模型相吻合。首先，大量实验都表明当我们观察不熟悉的面孔时（离中心比较远的面孔），脑内处理面孔的梭状回面孔区反应会有明显提升，换句话说面孔与模板的距离增加会引发更大的神经反应：相对"奇特"的面孔需要大脑更多的活跃；不恰当的例子就是当你做简单的算术题（判断恋人与陌生人的面孔）时意气风发、挥斥方遒、轻松愉悦（不会那么活跃），当你做难题（判断两位马拉松高手的面孔）时事倍功半、绞尽脑汁（活跃明显）。其次，大脑内的神经是按照群体反应方式进行，而且处理更熟悉的面孔所激活的神经更紧密更高效；因此判断陌生面孔时速度更慢，更耗时间，难以激活整体识别，只能按照局部识别慢慢进行。甚至最近Webster教授也提到面孔的识别（不只是身份）就是依赖于上述的计算过程。当然实际生活中这样的面孔地图需要若干维度而且模板高度抽象，但是这般巧妙的表达方式正是识别的中心。

我们只有一套默认的模板吗？或者说我们只会和一张模板进行比较吗？仔细想想看，只有一张模板不算高效。比如，我在判断迎面走来的那位女性是同事的时候，如果能够只利用“女性”的模板必定会减少“数据处理量”。或者Alex在判断办公室两位亚洲朋友的面孔时，会利用“Alex心中所有人”的面孔模板还是“Alex最近认识的亚洲人”呢？科学家们没有放过这一个疑问，他们利用了一个叫作类属适应的方法表明了模板的使用很有弹性，主要是看大家什么时候“用”哪一个：利用世界地图攀登山峰有点儿不切合实际。Little、Jones（琼斯）还有DeBruine（德布鲁尼）教授的科研团队就发现了在这种情况下的适应后效可以各自产生在男女面孔上。举个例子，如果我们同时适应了一位眼睛间距很宽的男性和一位眼睛间距很窄的女性，若只用一张模板造成的结果就应该是平均了眼睛间距，所以不会产生任何针对眼睛间距的适应后效。之后还有许多实验室再接再厉，探索了其他共存的模板：他们都发现模板可以根据实验内容产生分化，并不是固定为所有面孔的中心模板这一个“默认设置”。比如说如果面孔可以按照一个坐标轴表示，它们也就可以按照坐标轴的两极排布：比如性别、年纪、种族，甚至情绪等等。

所以说进化如同鬼斧神工，让我们的神经团体合作，这样的团体合作导致了功能区出现，也导致了面孔判断可以依靠不同的神经反应进行，这样我们就可以分析面孔活跃离中心的程度（所谓距离）。同样，如果面孔在大脑内可以按照类别（男女）产生直接反应，这类别的两极（比如男性与女性）就可以被独立的“地图”所包容，也就产生了适应性很强的多个模板。总而言之，我们在判断“他是谁”的时候，会比较“他”的面孔与中心模板的相对“距离”来完成判断。这样一个模板可以随着任务进行而改变，从而最高效地完成判断。这就是我们在判断面孔身份时的一种"软件"。所以说，如果你想要成为一个辨认他人面孔的高手，最好的方法就是活用这一套"软件"：核心就是多去会见各种各样、各行各业的新朋友并且记住他们的面孔，这样你就可以拥有更加清晰的多套模板。

为什么漫画很好辨认？

一幅优秀的肖像画应当是还原现实，而漫画是不一样的。优秀的漫画最大的特点就是能突出画中人的特点。但是我们为什么很容易判断出来这幅画属于谁呢？这个问题通过“面孔地图”就能很好地解释。

漫画往往会夸大一个人的相貌：比如鲁迅的漫画往往会强调他的“横眉冷眼”。倘若我们把鲁迅的照片放在面孔地图上，肯定会和我们心中的中国中年男性模板有点差距。这个差距可能就是在眉毛和眼睛上（间距、尺寸等，既有局部又有整体的差异）。而漫画由于凸显了差异，应该会落在离中心更远的地方；相反，如果我们缩减差异，这张图画就离中心更近。事实也证明漫画一般的面孔的确会让判断更准确。叫人画漫画肯定是比较麻烦的，科学家用类似漫画的手段制作了如下的图片：他们将面孔上的信息编码，然后比较一张图片和面孔地图中心标准肖像的差距，然后扩大这样的差距就能做出漫画一般的面孔了。在这项技术普及之后，科学家做起来就会更加游刃有余。

不少科学家都发现夸张后的面孔比原始面孔更好认，更独特；倘若反着来缩减差异，照片看起来更不鲜明，也不太好认，“泯然众人矣”。甚至也有科学家发现不只是身份，连情绪都更加独特鲜明。脑成像的数据和行为数据吻合，当图片被夸大了身份信息之后，大脑（梭状回面孔区）对于这张新图片的活跃程度相对原始图片会增加。一张漫画要画得好，全靠作者合理凸显面孔中的特别之处。下次你在街头看到会画漫画的艺人，不妨留个心眼，他们是不是突出被画者的特征了呢？

不管笑还是哭，你还是你

大多数读者在生活中对于面孔识别可谓驾轻就熟，但大家也有“翻船”的时刻，比如我提到的分辨白百合和王珞丹的例子我就不慎翻船。看过上一章的读者肯定还记得：身份和表情情绪都利用了低空间频率信息采取了整体识别，它们之间会有干扰吗？是用同一套系统处理吗？所以说，身份判断会被其他面孔特征影响吗？这个问题看似很奇怪：身份与情绪不是完全无关嘛。但是对于科学家而言，大脑的处理方式没准儿超乎我们的想象，既然他们共享了信息，就有探索相似与相异之处的必要。实验才是搞清楚问题的唯一方法。既然我们这一章提身份的识别，那么我们着眼于情绪会不会干扰身份识别；而在下一章我们再谈一谈身份信息会不会影响情绪识别。

从功能区分上，“你是谁”和“你这是什么表情”差别还是挺大的，可以说是面孔识别中的两个层面的典型。我们重温下Haxby教授与同事们的模型，身份属于不变（长期）类信息，而表情属于易变化（短期）信息。或者从Bruce和Young教授的模型思考下，它们各自服务于不同的识别功能和目的。仔细想想，如果“他是谁”这样一个面孔信息能够随着时间轻易改变，那么我们身份证上的照片还真没有拍摄的意义了。但是表情情绪瞬息万变，时时刻刻反映着我们的兴趣或者态度。如同我们一开始举的狩猎的例子：在扑上去之前可能大家表情紧张，在与猎物搏斗时难免由于创伤而痛苦，一旦成功大家立刻喜笑颜开；这一切可能就发生在短短半分钟之内，可谓“翻脸如翻书”。那么现实情况吻合我们的假设，我们应该能观测到实验者在判断身份的时候判断不会随着情绪或者角度而改变。

回顾上一节介绍的研究，不少科学家认为面孔上的情绪不会影响面孔的身份识别。能够证明这两个组块相互分离的一大证据其实来自一种不幸的缺陷：面孔失认症。有面孔失认症的人完全不能识别他人的面孔身份，也就是说光看脸判断不出对方是谁。我认识一位这样的朋友，他开的小卖部一直生意不行，一个重要原因就是不能通过脸庞记住老客户。先天性面孔失认症患者其实都有着梭状回面孔区的缺陷，但是颞上沟完好的情况下他们还能够准确地汇报出对方的面孔在做什么表情。而在另一方面，脑损伤病人的表现同样地展现了身份和情绪识别的分离。依旧是Young教授在针对脑损伤之后的退伍军人的研究发现，不同的损伤会对情绪判断和身份判断产生不同的影响。面孔失认症是一个研究面孔身份识别的好手段，Humphrey（汉弗莱）、Avidan（阿维丹）、Behrmann三位研究者也进一步分析了这一个内容，他们比较了两种面孔失认症：先天性，也就是面孔身份识别区域发育不良引发的面孔失认症，这个群体的面孔识别障碍往往局限于身份；获得性，也就是所谓脑损伤所导致的面孔失认症，他们的识别障碍不确定，因为脑损伤的范围和面积有着特殊性。他们的研究也发现先天性面孔失认症的情绪识别几乎无恙。简而言之，两组科学家的成果代表了众多科学家对于身份与情绪识别分离的理解：因为缺陷不能判断身份干扰不到情绪判断。所以说至少身份识别与表情识别有所分离。

其次，就是在正常人身上的研究。脑损伤或者发育异常的人终究是少数，更多时候应该放眼整个人群寻找共性。Calder（考尔德）与Young教授曾经对于这个话题提供过建议：既然要比较“你是谁”与“你这是什么表情”的分离就一定要放在一起比较，不然说明不了问题。按照功能性核磁共振成像的原理，被试者的脑血流变化可以被仪器监控，所以说，假如判断身份信息需要动用梭状回面孔区，那么这个地方对于面孔的活跃程度就要与看房子比有差异。不过这样的研究也有缺陷，我们识别面孔的时候很有可能多种信息一起分析，比如你看到一张带着笑意的面孔，大脑内判断身份信息的脑组织会难以避免地和判断情绪的组织一起活动。因而大脑活跃的结果很难区分究竟谁占主导地位。甚至对于面孔的熟悉程度本身就会影响判断身份模块的活跃程度，比如熟悉影星汤姆·克鲁斯的人看到他的面孔本身就要比没见过他的人反应要小，这一点不能鲁莽地分析为人与人大脑的差异。为了克服这些影响结果的干扰问题，有科学家拿出了极为好用的方法：适应后效。这个方法是研究面孔的常用方法，以后会不断被提到。当我们看到一张面孔之后，大脑会对这一张面孔产生适应，如果没有新鲜的刺激出现的话，同样的刺激激发不起相同的活跃程度。就比如第一次吃鱼香肉丝肯定会觉得鲜美异常，如果吃完就再吃一顿一模一样的鱼香肉丝，你可能不会觉得像刚才那么好吃了。视觉研究也是如此，Winston（温斯顿）和同事们就用了这个方法去测量了大脑的活跃程度探索情绪与身份识别的大小。他们的实验巧妙地把情绪和身份放在一起测量，而不像过去的研究员那样分开测量然后直接比较（原因就如同上面几行的例子，如果不放在一起比较可能区分不开重叠的脑区）。Winston和同事们让被试者去看了四种类型的前后图片组合：（1）同一个人同一个表情，因而情绪和身份都会被适应；（2）同一个人不同的表情，身份被适应但是情绪没有；（3）不同的人同样的表情，情绪被适应但是身份没有；（4）不同的人不同的表情，身份和情绪都应该没有被适应。一旦一个层面的内容被适应，相较没有适应的情况下，相对应的脑区会有显著的差异变化。我在这儿要澄清两点：第一，这种适应就相当于久居兰室不闻其香，只不过对于面孔的适应相比气味的适应原理复杂许多；第二，这个适应并不会让人完全判断不了，差异并没有异常巨大，不过统计学可以精确地判断出来差异。几位科学家将收集的数据按照四种类型的区分进行加减之后找到了与前人模型相吻合的数据：梭状回皮层会对身份活跃（例如同一个人的情况下，活跃程度比不同人的情况小），中前的颞上沟皮层对情绪活跃（例如同一种表情的情况下，活跃程度比不同表情的情况小）。

依靠一个2 × 2的实验设计（两个维度），Winston就和同事捋清了关于这两者的关系。虽然区分了颞上沟（STS）与梭状回面孔区（FFA）的区别，但是他们的实验发现后颞上沟（STSp）倒是会对面孔产生反应。这并不代表前面的推论有误，不过是我们的技术水平还需要进一步完善，同时关于表情和身份的关系还要进一步区分：虽然后颞上沟这样一个司职表情的位置也会对面孔身份感兴趣，但是这只是说明了科学研究很复杂，而我们现有的技术手段还很难分清楚复杂的现实世界。在2008年Fox（福克斯）与Barton（巴顿）两位科学家的研究回应了这“一朵笼罩在面孔识别上空的乌云”：身份信息不会受到情绪的干扰。他们发现无论对于一张面孔熟悉与否，无论带有什么情绪，甚至不同的朝向，只要前面的面孔与后面的面孔有同样的身份，就会产生针对身份的适应后效（实际实验设计比较复杂，不展开探讨了）；也就是说只要看到了就能产生后效，后效并不建立在熟悉这张面孔的前提条件下。

总而言之，身份信息的判断是独立的，也是占有专门的处理通道。至于它是依靠什么样的通道分析，下一节你就能知道了。

身份识别就是对比图片吗?

通过上一章，我们知道面孔识别依赖于整体识别，也就是说面孔识别并不是简单地对比图片与心中的记忆。当然，在海关这样的例子比较特殊：识别不熟悉的面孔可能依赖于局部，比如眼睛的形状。但是这并不是推翻了整体识别的理论，反倒是反映了身份识别

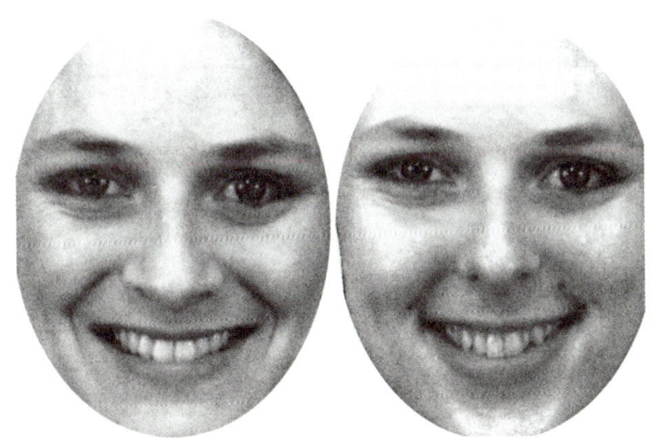

判断身份得依靠整体加工。倘若你只是比对眼睛部分，你就能发现这两张图片的面孔拥有一模一样的眼睛。但是怎么看两个人都不是同一个人，其他五官的位置和形状都不相同。因此我们判断身份，不会只依靠局部的对比。相反，如果依靠整体识别（把面孔信息组合在一起考虑），你能一下子就体会出两张面孔的不同之处

的复杂性：首先，一张面孔上包含了太多信息，以至于局部或者整体都会帮助面孔的识别；其次，在识别陌生人的时候，我们的确需要更多的局部信息，只有当熟悉之后我们才能“提纯”整体信息。

科学家把面孔识别中这两种信息分开来看：第一部分就是我们提到的整体内容，或者说比较高级甚至抽象的内容，是局部信息的统筹；第二部分就是上面例子里面的局部信息，或者说比较低层次的视网膜成像上的信息，以及无关的细节。整体信息历久弥新，一旦掌握，识别起来就特别快，可以说我记住了女星茱莉亚・罗伯茨之后，不管她如何扮相或者扮演怎样的角色我都能判断出来。而局部信息有着很大的随机性，比如没睡好觉就会让眼睛看起来不同，涂了口红就会让嘴唇的局部信息大变样。

回忆下，白百合和王珞丹这两位长相甚至气质近似的女星，在我这样一个不熟悉她们的人脑中，整体信息的调用不是很顺畅，所以分辨她们就得要依赖网上攻略，得要从笑容上法令纹深度或者是鱼尾纹的纹路这样细枝末节的信息进行比对。但我对于茱莉亚・罗伯茨的记忆非常准确，可以说她怎么换发型都难以撼动我的判断；但是王珞丹和白百合要是都摆出扑克脸，或者说都是侧面照，分辨就“无以为继”，只能反复比对两人照片才能做出判断，远不像对付茱莉亚・罗伯茨那样快速自动。倘若分析不熟悉的面孔时候（白百合和王珞丹），大家有可能会利用低级的直接对比，但是针对熟悉的面孔（就我而言，比如茱莉亚・罗伯茨）就是采取整体识别的方式：针对熟悉的人肯定是更依赖整体识别，但是局部信息往往难以磨灭，也对识别做出贡献。所以说，我们日常生活中分辨熟悉的人时可以做到很迅速很准确，就是采用了整体识别这一个高速通道：直接抓抽象的主干，而不拘泥于细节信息。

那么局部信息是怎么整合成为整体信息的呢？我们了解行为的过程和结果是不够的，真正明白一种现象还要了解其中的加工方法：发现心理行为和确定脑区固然重要，更加重要的是解释大脑的处理方法以及应用在计算机之上。一切的根源，就得提到我们的大脑了。

身份识别要“动”脑

每一个通过大脑产生的行为都应该伴随着大脑的活跃，无非是我们能不能检测到罢了。正是由于这个假设，科学家们在研究身份识别的时候也深入识别背后的大脑机制。只有搞明白了大脑，才能了解行为。正如同一个中央处理器（CPU），对我们普通用户来说了解哪个快就好，但是对于电脑专家（科研工作者），要了解这个处理器（面孔识别区域）的内在计算方式或者说逻辑的排布是64位还是32位（视网膜拓扑关系，信息传递的空间频率）等。虽然之前章节大致介绍了识别面孔需要特殊的大脑结构，在这里我想要细细解释几段研究，方便大家理解大脑怎么对待身份信息这一种恒久不变的信息。

在最近这几十年内，关于面孔身份识别的脑机制研究随着新科学技术的涌现而被推上了新的高度。我在这儿介绍几位在面孔领域极大推进全学术界理解的著名科学家以及他们的研究。就让我们回到过去，跟随他们的足迹了解下大脑在我们“判别他人身份”的时候究竟有多么活跃，有多么忙碌。

首先，得提到圣安德鲁斯大学的David Perrett（大卫·佩雷特）教授的研究故事。Perrett教授不只引领了90年代开始火热的"面孔的吸引力"研究，更早在80年代，他就通过单神经记录方法（当时最新潮的研究方法）利用猕猴研究下颞叶皮层对于面孔反应的众多实验让人折服：他的研究阐述不同细胞对于面孔的不同特性有着不同反应；有着类似反应的细胞往往聚集在一起呈现出了功能区块的样貌。在那个年代，通过单电极记录猕猴大脑中几个细胞的活跃是最前沿的记录方法，甚至比功能性核磁共振（fMRI）有着更好的空间分辨率；怎耐实验长度、伦理以及人脑猴脑差异性的原因渐渐淡出了科研中心圈。早在1982年Ungerleider教授提出了关于视觉识别的双通道理论，也就是说我们在识别一个物体的时候有两个重要的通路。比如我们观察一辆汽车的时候就可以分为以下两个部分：第一部分就是腹侧通路，又称内容部分，主要在颞叶皮层，在这个例子里面我们分辨车子的颜色、牌子就是我们对于内容的理解；第二个部分是背侧流，又称位置部分，主要在顶叶皮层，可以分析这个车子在往哪儿开，会不会撞到我们。

所以我们所谈论的面孔识别大多数都属于腹侧通路（探讨内容："这是什么？"）。Perrett教授和同事们也就从颞叶开始对面孔识别产生了研究。他们的想法很简单，如果面孔识别在颞叶有反应，那么肯定能找到对于面孔活跃很兴奋的细胞。在1982年他们发现在颞上沟会有不少细胞针对面孔有反应。在一共检测的近500个细胞里大约1/10的细胞都会对面孔产生活跃。进一步分析这些细胞的活跃特点之后，Perrett发现它们活跃的时间稳定地与图片出现紧密相关，活跃也只是因为面孔而不是别的图片，有一些细胞不受面孔朝向影响。这一点也侧面表示面孔识别可不是简单地一一对应，应该是按照背后的意义：比如如果我不是针对性地记住了茱莉亚·罗伯茨的样貌，那么她的脸转向之后我就记不住了。或者再换一个浅显易懂的例子，如果你的空间想象能力不好，不能理解三视图，那么你做数学题的时候很难通过三视图所传达的空间构成来答题，只能通过一点点的比对答题；我们提到的一些细胞就是针对三维物体本身而活跃，而不是只对正视图这样的几何形状本身有反应。因此，Perrett这个发现鼓舞人心：他确定了当时对于面孔识别很特殊的假设。接下来他进一步探索在颞叶上与面孔活跃相关的细胞。在颞上沟他找到了对于面孔的朝向甚至身体朝向活跃的细胞，这一研究与其他的研究最后奠定了关于情绪识别的大脑区域定位。在下颞叶皮层他找到了不少对于面孔身份感兴趣的细胞，这些细胞并不会被面孔朝向影响，这一研究与其他的研究推进了我们对于面孔身份的认识。这几个研究是不是让人感到很熟悉？对！他的发现（从1992年的综述可以看到他对于这一系列研究的总结）与Haxby教授的面孔识别模型中关于不变和变化的信息分开处理相吻合。在那个时代不少科学家也发现了相似的结果，为面孔识别的研究添砖加瓦，但是Perrett教授的这一系列研究可谓其中的经典。

其次就是马萨诸塞理工学院的Kanwisher教授的故事。她与同事在1997年发表的论文阐述了面孔识别区域的特殊性（这篇文章堪称经典，算是研究面孔必读的文章之一）。她当时通过还不算精细的功能性核磁共振在自己身上发现了一个对面孔活跃很特异的区域。

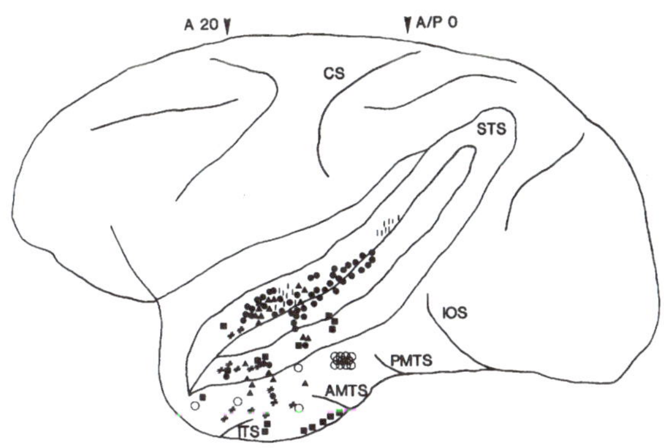

Perrett教授在1992年的文献综述中的一张示意图。不同形状的纹饰表达不同科学家在不同实验中发现猕猴大脑中仅仅对于面孔兴奋的细胞。你看都在颞叶（靠近你耳朵的那个脑区就是颞叶）上

在她心中，面孔是一种特别特殊的视觉刺激，识别两张面孔可不是识别两朵花那样依赖于视网膜所收集的内容；她认为面孔作为人这样一种社会动物生活中最为重要的信息来源，自然应该"享有"不一样的处理方式。于是一次在对她自己的实验之后，一个位于大脑下颞叶的区域（可以叫梭状回皮层）吸引了她的注意：在她的心中，很多重要的大脑功能都应该有一个特别的区域；但是由于一些功能出现的时间在进化树上不早，也有可能不会被核磁共振成像检测到。她自然没有着急兴奋，决定接着在她自己身上做实验。她在核磁共振仪器中一躺就是一个月，每天花几个小时去看不同人的面孔，并且尽最大努力保持自己不动以获取良好的数据。运气加上坚持让她在自己身上发现了一个只对面孔信息活跃的脑区，也就是所谓的梭状回面孔区（fusiform facearea）。这个区域简称FFA，位于右侧颞叶的下部，如果我们从下往上看大脑，就能看到这个小区域。

当然一个人的数据，再过清晰也不能说明问题：会不会是Kanwisher教授她天赋异禀，有着常人所没有的能力呢？教授她又找了若干个被试者重复整个实验。结果清晰漂亮：大脑中这个脑区对于看到的面孔图片兴奋异常。在此之后，无论是她自己的实验，还是其他科学家的实验，都得到了统一的结论：梭状回面孔区是处理“他是谁”的关键区域。所以说正是Kanwisher教授对于梭状回面孔区的不懈努力与坚持，我们才能更好地理解大脑在处理面孔时有多么特殊。

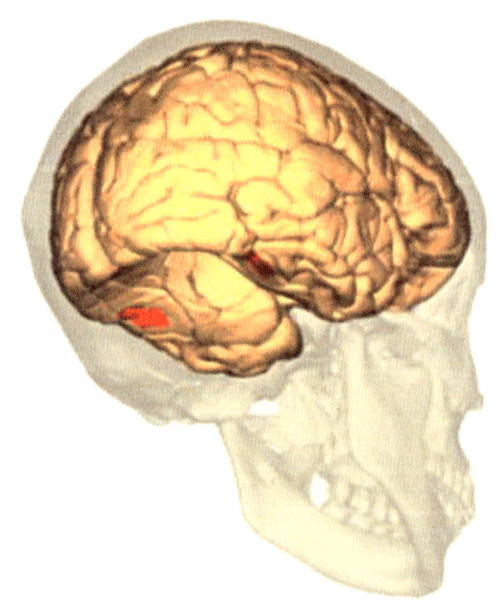

梭状回面孔区（FFA）位置就在图上红色部位显示，它在你的大脑下端，靠近耳朵的地方。你的左右半脑都有这个区域，不过右边的更重要（很多人仅仅损伤右边的梭状回面孔区就没法判断他人是谁了）。当然，梭状回面孔在每个人大脑的具体大小位置也有差异（大小和连接性异常就能导致面孔失认症），不过在正常人脑中，位置基本就在图中位置。摸一摸你的耳朵后面，对，就是这里面决定了你能认清楚你的家人朋友，别磕着那儿

Kanwisher教授的研究手段在她的巨大发现之后可以说是同类研究的标准配置。她先粗略观察大脑哪些区域对于面孔有很大活跃，做出定位，然后比较大脑在判断面孔与其他图片的活跃差异，精确确定哪些区域针对面孔活跃。举个例子，面孔和椅子都是视觉刺激，两个操作自然会有公用的脑区。不过这两个活动不一样之处就能彰显特殊性。梭状回面孔区只对面孔有反应，对于椅子、车子、小鸟、手、植物甚至房子都不活跃。它自然就是识别面孔的特别

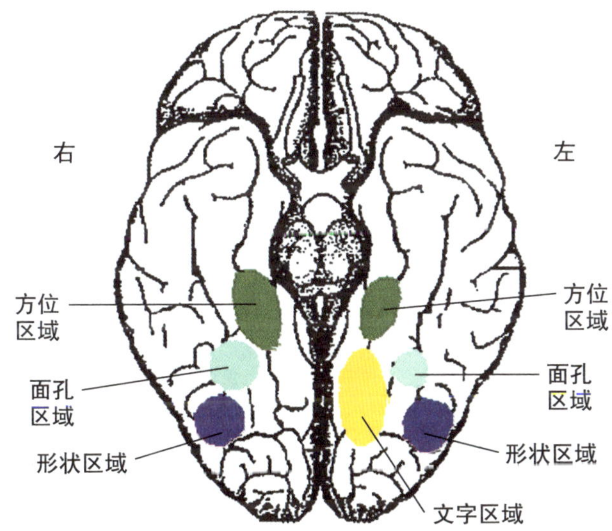

这张图是从下往上看大脑的视图，图的下方其实是人脑的前方。浅蓝色的区域就是对于面孔活跃非常多的脑区。最下方的皮层算是最为基础的视觉识别脑区，对于视觉刺激就感兴趣（本职工作）。插一句，绿色的区域对于环境信息感兴趣，它正是Kanwinsher教授发现的外海马环境皮层（Parahippocampal Place Area；有兴趣的读者可以查一下，由于离题较远，在此不展开讲述）

区域。

一切科研讨论肯定不会简单收场，一切科研争论都不会轻易消散。虽然Kanwisher教授觉得面孔特别特殊（domain specific），特殊到深入基因层面才导致我们拥有如此的面孔身份识别的专业区域：我们通过进化产生了梭状回面孔区这样针对面孔识别的大脑区域，这也是我们都有识别面孔“专长”的原因。这并不代表所有人都完全接纳这个观点，Tarr（塔尔）教授以及学生Gauthier（高蒂尔）教授同样认为面孔非常重要，不过他们认为面孔重要的原因是它遍布生活之中，而并不是因为面孔本身的特殊性。对大多数人来说面孔随处可见：出去买菜要看小贩的脸，相亲要看对方的脸，买快餐要看服务员的脸，甚至买车票要看售票员的脸。在Tarr和Gauthier眼中，面孔由于无处不在反复刺激我们的大脑，让我们成了识别面孔的专长者：换一个例子，对于不熟悉汽车的人我们很难分辨大众高尔夫的2004款和2015款，但是对于识别汽车的专长者，不同批次汽车的差距都是如数家珍。所以在他们的理论下，我们都是识别面孔的专长者所以有着不一样的反应，这个梭状回区域也不是面孔专属，只不过是“专家区”，只不过由于太过熟悉面孔，而且之前实验设计缺陷没有被凸显出来。其实早在Gauthier毕业之前，她就和博士导师Tarr设计出了一种叫作Greeble的假想生物。他们发现在被试熟悉Greeble之后，成为Greeble专家之后，他们的识别展现了一些面孔识别的特殊性。既然如此，他们发现这样创造出来的有着奇怪样子的小东西在识别时像面孔一样，那么面孔也可能并不特殊，“熟能生巧尔”，他们之后将“魔爪”伸向了梭状回面孔区。像特洛伊木马一般，Gauthier“潜伏”进Kanwisher的实验室做了一段时间博士后，她们两位并没有任何的论文合作。但是1999年和2000年，Gauthier和之前的导师Tarr等同事连发几篇文章质疑了Kanwisher对于梭状回面孔区的划分：因为她的实验指出当一个人对于其他物体也达到“专家”级别特别熟悉的时候，在梭状回也会产生对面孔一样的反应。比如她和Tarr以及其余同事发现当被试们在判断Greeble时，梭状回面孔区的活动与判断面孔非常相似：首先在学习过程之后，每一位Greeble“专家”的梭状回的活跃程度都比初学之时高了很多；其次相比那些不熟悉Greeble的普通人，被训练过的“专家”对于Greeble在梭状回产生了很大的反应。不光如此，Gauthier还与其他科学家研究了正常生活中的车迷和鸟类专家们对于心爱之物识别时的大脑活动，这一研究也验证了上述结果。两方的观点在当时非常矛盾，在2000年的*Nature Neuroscience*（《自然·神经科学》）期刊上他们各发文一文驳斥对方设计。Gauthier与Tarr教授阐述了之前几篇论文，也探讨了整个下颞叶皮层对于视觉刺激的多样反应，试图表

Gauthier和Tarr两位科学家就让被试记住了这样的奇怪的小东西（网上有他们共享的生成代码）。在成为“Greeble”大师之后，人的梭状回会对这一个小东西产生活跃，简直和对于面孔一样。不过很抱歉，由于当时脑成像精度问题，他们混淆了梭状回的一些特别区域和梭状回面孔区（科研还得依靠优秀的器材）。至少现在大家都有了共识

明这个梭状回皮层应当是负责“专家”识别的一个区域，只不过大家都是面孔的“专家”而已；因此在他们眼中梭状回是一个用于区分同一类物体的脑区：比如区分这辆车是大众Polo还是大众Golf；这只猫是我家的美短还是隔壁老王家的美短。而Kanwisher教授据理力争，指出了之前研究的不足之处。面对有备而来，甚至是在自己实验室中的“特洛伊木马”，Kanwisher教授没有只在研究设计层面上进行抨击，她策划了下面一系列研究给这个争论画上句号。

理论大家都会说，真正能解决问题的应该是实验的数据。那么最好的实验就是包含面孔、汽车，还有鸟类等物品，然后研究梭状回皮层到底如何活跃。Kanwisher教授在2004年与同事们依旧在*Nature Neuroscience*期刊上发文刊登了他们的研究结果：梭状回面孔区就是针对面孔的识别和判断；而车子、花鸟鱼虫这类同类型，不在梭状回面孔区而是在临近的区域。这个研究不光是驳斥了Tarr与Gauthier的研究，还填补了几个空白：第一，Kanwisher教授发现在身份识别的时候只有梭状回面孔区有稳定活跃，其余的核心模块并没有值得称道的贡献；第二，仅仅驳斥Tarr（塔尔）与Gauthier的成果不行，Kanwisher教授找到他们迷惑的原因，那就是Tarr与Gauthier发现的活跃脑区其实离梭状回面孔区很近，但是由于当时核磁共振成像的空间精度问题混淆了位置，在某种程度上Kanwisher教授以最合理的方法化解了他们科研数据上的矛盾（但是私人矛盾按照我发掘的学术八卦可谓势同水火，估计这辈子都化解不了）；第三，她的研究丰富了对于面孔识别特殊性的认识。在同样的时间段，其余科学家也通过别的方法找到了贴合Kanwisher教授但不符合Tarr与

Gauthier教授的数据，从而支持了“梭状回面孔区是针对面孔而不是专家识别的大脑区域”的观点。这个争论终于得到了完美解决，Kanwisher教授的发现更贴合事实，而Tarr与Gauthier教授的实验由于技术限制没有完美反映大脑活跃。换句话说就是梭状回面孔区就是对面孔异常活跃的区域，它就是我们识别面孔身份的主宰；它只对面孔产生特异反应，这种特异性来自基因和进化，并不是因为我们后天的大量学习，换句话说我就算努力学习汽车知识，大脑里也出现不了“汽车识别区”。而Tarr与Gauthier教授无非是找到了一些关于“专家学习”的大脑区域，但是我们识别面孔的身份还真不是简单的图片比较。

虽然故事完结了，但是学术界对于身份识别的大脑区域的研究并没有结束。Kanwisher教授的研究凸显了梭状回面孔区在判断身份时的重要性，但是回忆下Haxby教授的模型你就能想到其中有点不协调：Kanwisher强调了梭状回太过特殊，但是Haxby教授强调了多个脑区协同工作。这两者虽不是很矛盾，但是理论间有个空隙：梭状回面孔区有多重要？它是一个独一无二的分析器，还是说控制器之一？这时候卡内基梅隆大学的Behrmann教授桥接了上述理论的空隙：梭状回面孔区自然相当重要，它的重要性体现在判断面孔身份时沟通大脑中判断面孔的区域。当时的研究有一部分来自脑损伤病人，他们的梭状回面孔区被损伤自然难以判断身份。不过脑损伤的个例非常不自然，甚至说复检过程也会干扰之后的实验结果。Behrmann教授果断采用了先天性面孔失认症患者（CP），这些人生活正常、大脑无恙，不过判断不了面孔是谁的。这些人的大脑成像数据让人非常诧异：相对正常群体他们的梭状回面孔区似活跃减弱，但是总体而言还是有相当的活跃。难道说Kanwisher教授错了吗？也不对，支持Kanwisher教授的论文数不胜数。Behrmann教授在2006年的文章解释清楚了整个问题，梭状回面孔区自然与身份判断有关，但是先天性面孔失认症患者在这个区域有活跃，但是梭状回面孔区与其他脑区的活跃非常有限，正是这个原因导致了面孔身份判断不清楚。跟随着这个研究，Behrmann教授与同事们在2012年针对普通人进行了一个更加严格与复杂的实验，他们不光寻找并且再次确认针对面孔不同特征活跃的位置，也进一步推进了我们对于梭状回的理解：这个区域会对同一个人的图片产生相似的反应，但是对于不同的人反应方式稍有不同，所以说它是身份判断的中心，会利用不同的反应方式提醒大脑我们看到的人到底是谁。他们也通过技术手段分析了这些区域的连接：梭状回面孔区堪比身份识别的枢纽（hub），汇聚了自下而上传递的低级信息还有自上而下的调控，从而整理了相关面孔信息，为成功的身份识别奠定了基础。之后Behrmann和Plaut教授在文献综述里拓展并总结上述研究：面孔的身份识别不是美国漫画那样依靠“个人英雄主义”的梭状回面孔区，相反是以它为中心的一批大脑系统成为一个小分析圈全力达到面孔识别。按照英文原话就是不是按照一个个分析centre（中心）而是一组组distributed circuits（分离开但是一起工作的回路）进行分析。

我在这儿总结下这三段研究，三个故事在一起揭示了面孔身份识别的大致脉络（细节还得你亲自阅读文献，三组科学家的文献要是都详细讲，十万字可能都说不透彻）。Perrett教授发现了只针对面孔身份而活跃的细胞存在于下颞叶处；Kanwisher教授在反复试验后发现在下颞叶处的梭状回皮层只对于面孔识别产生反应，即面孔识别中枢；Behrmann教授进一步探索了梭状回皮层，指明了梭状回皮层的反应对于面孔身份识别很重要，但是更重要的是梭状回皮层作为一个中枢与其他面孔识别的区域的"交流沟通"。这一整套研究完全否认了面孔识别依赖于低层次的图片比对。正如同Haxby教授的模型所提示，我们是利用大脑中一组针对面孔的活跃的脑区而不是那些处理所有视觉物体的脑区完成了面孔识别。就好比发掘文物（识别身份），工作人员（我们的大脑）不是使用普通人种树、挖地的铲子（低级识别区域，或者说泛用的视觉区域），而都使用专业的工具（以梭状回面孔区为代表的大脑区域）。

在此，我们借着科学家的努力，算是了解了面孔在梭状回面孔区被整合在一起，形成一张完整的面孔"图片"。正如同探戈需要两人同舞，看清楚了面孔并不意味着认清楚了人，那么我们是怎么调取记忆力对于这个人的记忆的呢？

“前女友细胞”

记得大一时，我的一位室友有一天兴冲冲地给我展示了书上的一篇文章，并且兴奋地对我说：“我就说我怎么完全想不起来前女友了，你看这篇文章就知道了。”他在了解忘记前女友面庞的所谓“原理”之后的笑容我这一辈子都忘不了：“你也知道，分手那天她扇了我一巴掌，肯定是弄坏了我心里的‘细胞’。这不，我完全想不起来了！”文章是一篇旧的论文，而且他只看了一半。我们姑且不去谈我这位花心室友的感情经历，就谈一谈在面孔信息已经被获取之后，大脑找寻这张面孔信息的过程。

俗话说一个巴掌拍不响，光有梭状回面孔区我们还不足以判断清楚对方到底是谁。让我们从这个例子理解一下吧。梭状回面孔区可以整合我们所接收到的视觉信息，就好比暗房可以把胶卷冲洗出来；我们不光要有洗出来的“胶卷”，还需要把它和“档案”里面的数据比较一番，这才能够完成身份判断。梭状回面孔区就是这个暗房，它综合了各种视觉信息，也就是说它可以把面孔信息合成为一张脸，余下的任务还要依靠别的脑区来完成。这个脑区涉及

"检索与面孔相关记忆"的加工，也就是说它是面孔信息的"档案库"。这个"档案库"正处于前（中）颞叶皮层（杏仁核也在那边），负责了大脑内许多记忆方面的工作。

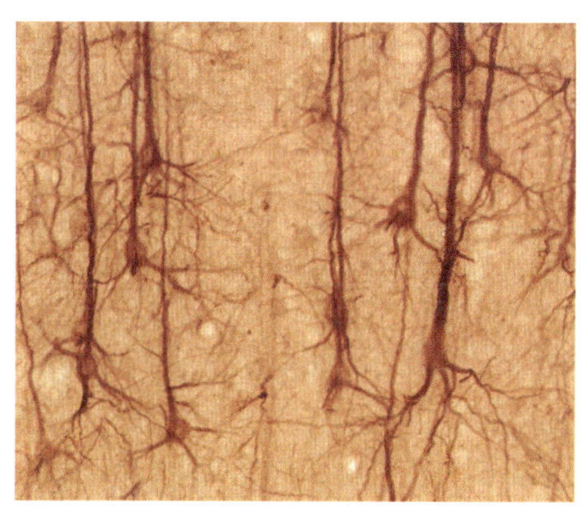

难道这茫茫的神经细胞中，有一个就是针对你的前女友，而另一个就是针对你的祖母吗？当然不是！"祖母细胞"是一个经典的错误

不过如果这块区域像档案库一样，是不是上面的一个细胞正对应一个人的档案呢？20世纪的科学家还真有过如此的假说："祖母细胞"假说。按照提出者Lettvin（莱特文）教授［还有Konorski教授（科诺斯基）］的解释，我们能识别自己的祖母可能就靠这个细胞了。这个假说之后被学术界打脸了将近半个世纪，可以在任何一本心理学教材中看到批判，堪称科学家几个经典的"打脸事故"。不过我们还是得提一提这个假说。因为通过这个错误的假说，科学家算是清楚了大脑是怎么"翻档案"的：在前（中）颞叶皮层的细胞们群体活跃。

真实情况里，Lettvin教授提出这个概念，纯粹是以玩笑的形式：教授当时在马萨诸塞理工学院上课，为了方便学生理解课程，提出了“祖母细胞”这一个不恰当的比喻。谁知道这些学生“动手能力强”，更不要说“没有不透风的墙”，加之这个假说符合心理学巨擘威廉·詹姆士的假说，非常不幸被当时的科学家研究了个透。奈何“好事不出门，坏事传千里”，科学界也爱看这样的“大新闻”，“祖母细胞”概念反倒“风靡一时”。为什么这个假说离谱，还得从心理学的早期入手。当时由于科研手段以及生理学发展限制，科学先驱们难以从细胞或者大脑层面展开研究活动。比如我们看一看脑成像技术的“雏形”：意大利生理学家Angelo Mosso（安吉洛·莫索）早在1884年就曾经使用了脑血流的活动技术尝试分析了大脑活动。这个技术听起来是不是很像功能强悍的核磁共振呢？看一看下面这张图你就知道了。

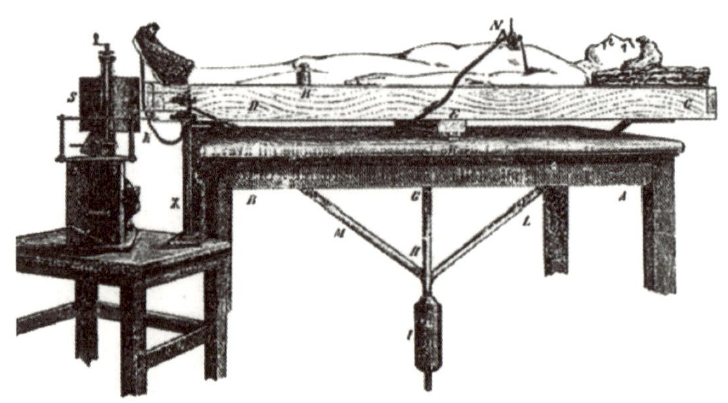

你能想象Angelo Mosso的仪器的基本原理和功能性核磁共振成像的基本原理竟然相同吗？其实两者都试图通过血流方法间接测量大脑活动。当然核磁共振复杂和高级很多

他把被试牢牢固定在一张桌子上，之后找到了被试的质点。桌子随后在质点处被撑起，达到一种类似于跷跷板一样的平衡状态。他假设如果大脑某些工作会耗费更多血液，由于平衡被打破，桌子难免会产生倾斜。这样的技术实在是太过粗糙，以至于绝大多数科学家也得不出太多信息。这样的局面其实一直到"祖母细胞的发现"（1970年前后）都一直存在。正是由于技术本身的限制，当时不少实验或者解释有着局限性，但是他们的思想为后世研究照亮了方向，其中"祖母细胞"假说就是一个好例子：它虽然错误，不过有着很强的时代性，其中一部分观点被后世接受。

我们回到Lettvin在1969年所提出的预言类假说。他认为我们大脑的颞叶上会存在一种非常复杂但是专一的一类细胞，只会对一个人产生特别的反应，好比"前女友"或者"祖母"。在假说中"祖母细胞"并不只是对祖母的面庞有反应，而应该是对于祖母有关的概念都进行处理，可以说是我们大脑内的一个"祖母模块"，好比GPS处理了所有的定位内容一样。按照最极端的假设：我们之所以能够识别我们的祖母，全都得依靠着这一个假象中的细胞。基于这一个假设再进一步推理我们就能得出以下结论：一旦这种细胞随着不可抗力受损，我们心中的"祖母"或者说我室友心中的"前女友"都难逃魔爪。难怪当我的室友看到文章第一页，还没彻底理解学术会在此发展时如此兴奋。但是按照波兰科学家Konorski的观点，人脑内存在一定的具有特异性的神经细胞，处理一种信息，比如会有一组细胞都能够对于面孔产生活跃；他的观点在一段时间内也被认为是"祖母细胞"。

我们思考下几个“祖母细胞”存在情况下的几个荒谬可能。第一，那就是我们可能需要无数个特异性的“祖母细胞”去观察我们的祖母。按照Perrett教授与同事的几个研究，大脑对于不同面孔朝向有着不同的反应，甚至会按照我们与对方的相对角度不同反应；抑或按照我们的常识，如果一个细胞应对一张二维图，时刻变化的面孔朝向定会产生无数的角度下的无数张图，所以一个细胞对应一个概念实在勉强。按照另一些解读，大脑为了这么多数据就得耗费无数“祖母细胞”来记住一张脸；那么我们一生中遇到这么多人是要多少个细胞只为了识别这些面孔呢？实在是太不够有效了。若“祖母细胞”异常高效，它们都能对同一个人进行反应，倒是排除了损伤一个就完全忘却的可能性，不过照样也很重复啰唆。第二，若真存在“祖母细胞”，一旦这个人面孔有了变化，我们就需要新的细胞进行分析。比如我小时候我的祖母肯定比现在看起来年轻，若“祖母细胞”如此特异，大脑也需要跟着祖母的衰老或者女儿的成长换一批细胞进行身份识别。单想想这个情况就让人觉得不可思议，更不要说下一个毛骨悚然的情况：若真是这样，由于大脑里没有来得及（也没有机会）为十几年没有见面的同学的面孔“同步升级”并且找到“值班细胞”，大家完全没有理由能够认出对方，那大家靠什么识别出来酒桌上的同学呢？第三，那就是“祖母细胞”非常稀少，同时对于各种二维图活跃相同。这个第一点就注定导致以我们现有的科研手段，单电极记录很难找到这样的“祖母细胞”：既然沧海一粟，大海里怎么可能简简单单地捞出针？所以说，这样极端的“祖母细胞”概念是非常荒谬的，我们不可能用一个细胞去分析一个生活中的单位，也不可能存在如此"忠贞不渝"的细胞去分析。Bowers在2009年时也提过一句，从生理学角度我们对于概念应当是分布式编码，也就是拥有了一组广泛分布的细胞协同处理；随着记忆的加深，这一组细胞数量会随着学习增加，分布更加广泛，从而我们能够产生对于祖母的记忆。所以说，"祖母细胞"这个假说有着很强的局限性，毕竟他们提出的时候是20世纪60年代末，Hubel 和Wiesel才初探猫的视觉皮层神经网络（为之后机器学习夯实基础），然而还是早于用一个单电极记录这样的靠谱脑成像方法。

不过，事情没有这么简单，在2005年*Nature*杂志上，Quiroga（基罗加）和同事们弄了个大新闻。他们借着当时美剧《老友记》（*Friends*）大热，给一群被试看了不少明星还有物件的图片。他们通过单电极记录方式在一群被试的内侧颞叶皮层里发现了"詹妮弗·安妮斯顿细胞"：这群细胞只对这位著名女演员的图片（无论方向还是视角）感兴趣，就是不对埃菲尔铁塔或者布拉德·皮特感兴趣。无论詹妮弗·安妮斯顿怎么换姿势，这些细胞终始不渝地产生反应，而且被探测到的细胞排列非常稀疏。乍一听，这群看起来稀疏分布同时对于视角不敏感的细胞，听起来好像"祖母细胞"。事实上，Connor（康纳）就解释道："祖母细胞"这个概念现在没人相信，但它模模糊糊中暗示的"稀疏分布"概念更好地解释了高层级处理中的神经细胞活跃方式；而这篇文章恰恰在探讨系数分布，而不是稀疏分布这个概念中被证伪的"祖母细胞"假设。还不等大家质疑这个标题有点"大新闻"的感觉，他们自己就在文章中解释了实验并不是如标题那样轰动，他们又在2008年换了一个顶级期刊又再解释一番："虽然我们起了一个大新闻的标题，但是我们真的不是那个意思。"他们更在意的是稀疏分布的神经细胞对于刺激物有着选择性反应。回到他们的实验里面，他们的实验也只有几个问题需要注意。第一，他们不过监测了上百个内侧颞叶细胞，相比总体还是差得太远，代表性有限，在解释推广时不能太过断言。第二，他们也清楚，实验中测量的皮层是内侧颞叶，相较说致力于面孔处理不如说致力于与记忆相关的处理。所以说这群细胞可能并不是由于詹妮弗·安妮斯顿的脸而活跃，完全可能是对于詹妮弗·安妮斯顿的多张照片所拥有的某种面孔特点，或者说一种抽象的共性（也就是对詹妮弗·安妮斯顿的记忆）产生反应；所以与"祖母细胞"假说中"一条龙处理"的神经细胞有出入。第三，怎耐实验长度有限，没法测试无数张詹妮弗·安妮斯顿的面庞，也无法测量所有细胞，更不要说实验者无法完全捋清楚吸引细胞活跃的实际源头，完全有可能这些细胞还会对别的相关明星甚至说《老友记》这部剧有活跃；当然不应该粗暴地解读为细胞和詹妮弗·安妮斯顿为一一对应关系，也不能完全否认有可能是分布式分布（一个与"祖母细胞"差异巨大的观念）。第四，如果稀疏分布的细胞这么容易被找到，不禁让人怀疑稀疏这个概念以及他们的好运气。严格起见，我们只能总结说Quiroga在2005年的研究发现与面孔记忆相关的神经细胞排布稀疏而且不会因为图片的变化而产生变化。总而言之，虽然看起来像"祖母细胞"，但事实上是另一回事，或者说侧面驳斥了这一观点。

在大脑处理面孔的核心区域之一，颞叶皮层正是我们所讨论的区域；毫无疑问，对于面孔身份信息处理就来源于这里。在这里存在Kanwisher教授所提出的梭状回面孔区，所谓专门致力于人的面孔识别的脑区；也有颞上叶皮层分析我们面孔的动态和角度；也有内侧颞叶皮层，紧邻海马区，与记忆有千丝万缕的关系。不光是在人类身上，不同组科学家都在猕猴的相对应区域通过单神经记录的方式发现了对于面孔特异活跃的脑区。不过这个等于“祖母细胞”吗？它们虽然只爱脸，但不等于假说中的一一对应那样的“祖母细胞”。因为在“祖母细胞”假设中，这些细胞应该只对一张面孔信息有着相同层次的活跃，简直可以说是独一无二：在假说中，一个祖母对应一小簇克隆人一般的“祖母细胞”；而对于我的前室友，他的每一个前女友都对应一小簇“前女友细胞”；这一类细胞非常稀少。更要命的是，在原始假设中，细胞的活跃和面孔朝向息息相关，但是根据研究，我们大脑可是对不同的朝向活跃不同：182个细胞里有63% 的细胞对面孔很兴奋。事实上，“祖母细胞”观点中它就是细胞里面的教皇，说一不二，它说这个人是祖母那就是祖母，也只有它能够去判断谁是祖母。而学界广泛接受的观点是群体编码，好比说群策群力，一大组细胞通过它们的活跃程度方式来进行投票，然后最后拍板“这个人是我祖母”。这一类群体编码在很多稍低级皮层都被发现，比如说颞上叶对于面孔的方向，或者是初级动作皮层对于动作的角度。这样的排布更加高效和简洁，毕竟面孔与面孔之间差异细小，分辨难度高，信息过于大，只依靠一个细胞实在是太过勉强，但是依靠一群“祖母细胞”又太过浪费，毕竟

“祖母”和“前女友”虽然不是一个人，但是相似之处还是有的，完全用“两套处理组合”太过浪费，如果放眼整个生活，无数个事物要无数处理组实在是浪费。毕竟我们的大脑“雇用”了一群在许多“面孔领域有建树”的神经细胞专门处理面孔“事物”，然后依靠“专家们的意见”进行最终判断。所以说“祖母细胞”假说中关于处理“专家”的部分虽然错了，然而错在了当时知识体系匮乏。从现代角度看，他们的错误假说和现在广为传颂的模型还是有一定的相似之处，那就是处理面孔的神经有特异性，主要就是对面孔活跃，但不是一一对应：在某种程度上，所谓“祖母细胞”是对于神经系统特殊性的一种只存在于理论上的极端推演。Schiller 以及不少科学家都提到过，脑内无数处理视觉的细胞可不是每个只有一个功能，应当是每个身兼数职，只不过会有大致区分。就好比我们招来几个程序员，虽然程序员有一定特异性，但是每种程序语言都会，从做网站到做图标，他们几个人互相取长补短都能做。但是利用“祖母细胞”识别面孔就类似于，建立设计公司网站时，一位电脑高手只做主页的一个“返回”按钮，但对于网站必需的数据库一概不管那般浪费资源。这么想想，的确还是前者更加有进化（在例子里是人力资源）的意义。虽然现在学术界对于神经细胞的“专一程度”还有讨论，但是无论如何，“祖母细胞”这般高度专一化绝对是不太对的。

总而言之，我们识别一个人的“记忆档案”并不是依靠颞叶皮层特异的“祖母细胞”或者“前女友细胞”进行的。我们是依靠颞叶皮层内一群对面孔或者其他方面非常“专业”的细胞，群策群力进行分析。这种分析就是在Gobbini与Haxby两位教授总结的几个重要脑区进行处理：在核心区域内，枕叶面孔区沟通视觉皮层与颞叶皮层进行早期处理，颞上叶对于一些面孔自然动作（表情、动态、朝向）进一步分析，梭状回面孔区区分是不是面孔并且针对不同个体的面孔特征进行整体识别，在中颞叶皮层确定这张面孔的主人信息是不是存在于"档案库"中，若有就直接提取，我们也就能对于过来的人说出名字来。所以以后再有人提到"祖母细胞"，你就能知道为什么这样解释不对了吧？

别人眼中的你

在我们的生活中总会遇到三种人：亲戚、朋友，还有我们泛泛之交的熟人，更有不熟悉的陌生人。在我们的脑海中，他们的面孔都是被一样的方法处理的吗？我们的大脑对他们一视同仁吗？毕竟人的内心不是永远客观冷静的电脑，同样的面孔作为一种数据不会在不同的电脑内不一样，可是不同熟悉程度的人混杂着记忆和欲望在我们心中没准儿真的不太一样。

单纯从熟悉角度而言，你对于发小的熟悉程度肯定胜过对于你喜欢的奥斯卡影帝莱昂纳多·迪卡普里奥，而对于莱昂纳多的熟悉程度肯定要胜过一个你从来没有见过的人。尽管你对于发小和莱昂纳多的面孔（相信很多影迷连他小时候什么样子都能默画出来）都了如指掌，甚至两人戴了墨镜，或者坐在暗光处你都能够把他们找出来（所以很多粉丝可以要到签名）。但是你对于你的发小有过真实的交流和心与心的理解，在你对于他的记忆中可不只是面孔本身的信息，还有真实的情感和记忆。实际上，我们的大脑对于这三类面孔的活跃也有显著的不同。最为直观的研究方法就是用大脑成像，然后看一看处理面孔的复杂区域对于不同的面孔会不会有波动。

首先被广泛研究的就是我们对于不同面孔的记忆。科学家很轻松从脑成像数据中发现，涉及记忆的前中颞叶区域会对更加熟悉的面孔产生活跃：Gorno-Tempini（戈尔诺-滕皮尼）和同事们发现相比陌生面孔，名人的面孔（比如莱昂纳多、茱莉亚·罗伯茨的面孔）能让我们的大脑更加兴奋地检索信息；Nakamura（中村）教授与同事也发现相较陌生人，我们自己生活中的熟人也能激发起对于个人信息的回溯。这一组发现毫无疑问符合了我们对上述三种人的熟悉程度区别：对于自己的亲友和熟悉的社会名流，我们肯定拥有一定的记忆与了解，相比陌生人肯定会有不一样的活跃。

涉及分析面孔身份的梭状回面孔区也有差异吗？当然，梭状回皮层本身会对面孔模板中心的面孔有更大活跃，但此差异不是决定因素。科学家们更关心不同熟悉程度的面孔对于梭状回皮层这一核心区域有无不同影响，他们的发现可以说"相互矛盾"。首先，上述两组研究人员并没有察觉到涉及面孔感知的皮层变化，也就是说梭状回皮层在他们的实验中没有太多活跃。Eger教授和他的同事们比较了梭状回面孔区对于不同熟悉程度面孔的活跃。相比不熟悉的面孔，熟悉的面孔无论是怎样的表情、角度，还是光线都可以激发起更显著的（前部和中部）梭状回皮层的活跃。不过，Gobbini和同事们并没有满足于当时的结果，因为当时的研究没有很好地区分熟悉程度，就如同我们提到的一样，社会名流和自己的发小相比，熟悉程度还是不一样的。他们发现了一个有趣的结果：发小的面孔相比影帝莱昂纳多可以激发梭状回皮层更大的活跃；莱昂纳多的面孔相较陌生人激活梭状回皮层比较弱；发小与陌生人的面孔激发起相似的梭状回皮层活跃。

几组不同的研究似乎在梭状回皮层的参与角度存在不一样的观点［Kanwisher与Yovel（约韦尔）在2006年也提到，上述结论都主要在整个梭状回皮层，还不全是在梭状回面孔区，更可见问题的复杂性］，但是综合在一起其实讲了一个相同的故事：由于面孔处理的复杂性，以及实验内容不同可以发现不同的大脑活动。但是，刨根问底分析这些结果，科学家们能发现一个深层的原因：梭状回皮层的确不涉及熟悉程度判断，它能反映其他区域对于熟悉程度的判断。比如Eger的研究里被试们判断的是面孔的性别，也就是说面孔身份信息是暗中加工；而Gobbini的实验中被试需要判断前后两张面孔是否相同，也就是说面孔身份信息或多或少被放在台面上分析。让我们回想下梭状回面孔区的功能，它整合所有关于面孔的信息，但并不直接参与处理分析面孔的熟悉程度，只是面孔的搬运工，而实际熟悉性的判断应该是在于前中颞叶区域细胞的群体编码；不过大脑这些区域都深深连接在一起，按照Gobbini与Kanwisher等科学家的共识，上级脑区在了解到熟悉性之后会对于梭状回面孔区进行反馈调节，因此在不同实验中会发现不一样的结果，这些结果不是说梭状回本身对于不同熟悉程度的面孔产生不一样活跃，只是反映其他区域根据面孔熟悉程度对于梭状回的反馈。

对于熟悉的面孔，激活的不只是面孔的身份，还能激活我们脑中判断情绪甚至判断社会特征的区域。谁让我们的面孔不光能传递身份信息，还能诉说我们的情绪，还有我们身上的故事。

Chapter

诉说“情绪”的面孔

面部表情作为最重要的非语言类信息，能够传递我们的心境、我们的情绪、我们的兴趣。只要轻松一瞥，我们就能搞清楚对方的情绪状态。

“看起来，今天你的心情不错啊！”很多人都应该听过，或者说过这样的话。这句寒暄和“谈天气”一样可以被用作聊天的开场白。不知你有没有想过，大家是怎么判断对方的心情如何的？面部表情作为最重要的非语言类信息，能够传递我们的心境、我们的情绪、我们的兴趣。只要轻松一瞥，我们就能搞清楚对方的情绪状态：咧嘴笑到眼睛都看不见的代表他真的很开心；低耷眉毛和撇嘴角往往说明他的难过。我们判断别人表情的能力相当厉害，厉害到我们都没有察觉的余地：哪怕是再不会察言观色的人，也能够判断出别人的表情。假设你带着孩子去医院打疫苗，通过打针的瞬间，孩子的表情你就能决定要哄还是要鼓励。在会议上，你可以通过领导的表情来判断你的汇报是好是坏。作为最重要的社交信息，对于表情的判断能力影响我们社交的质量。躯干的动作能传递情绪，身体姿态足够提供情绪是积极还是消极的信息。在真实生活中，我们会总结面孔表情、身体姿态，甚至说话语气所传递的信息判断他人的情绪；但无论是从重要性（尤其是面对面交流时权重更大），科学研究的程度，还是从大脑处理的复杂性来说，都是面部表情更胜一筹。

作为一种传递社会信息的媒介，表情的分析和接受甚至是背后的脑机制被科学家视为瑰宝；连我的主要研究方向也是表情情绪认知。可惜表情太过复杂，看似简单却横跨心理学和神经科学多个方面，离彻底理解距离还远；甚至现在学术期刊中还不断地出现颠覆之前假设的结果。尽管离彻底理解还有距离，不过面部表情识别处理模型的大体框架已经被建立；在这一章，我们就一同看一下科学家对于表情情绪已经理解到如何程度。表情情绪判断可以在大脑中被分为两个阶段，第一阶段是对于有表情面孔的感知（perception），第二阶段是基于感知上的认知理解（recognition）。在探讨这两个阶段之前，不知道你有没有想过：为什么表情被用于传递情绪信息?

表情为什么可以传递情绪？

就像传奇科学家达尔文提到的一般，我们面孔的肌肉肯定不是为了表情而产生的。能够传递情绪的表情应该是我们灵巧面孔的一个副产品。举个例子，当我们有一种目的要摆出某种表情之时，倘若这个表情很稳定而且与某种心态有关系，那么我们就能察觉到：这个表情应该有情绪含义。我在这儿就举一个被反复研究的情绪表情的例子：传达“厌恶（恶心）”情绪的表情。它传递情绪的原因可不是简单“背诵”，而是有深层次的生理和进化的意义。

厌恶这个情绪其实很久之前就被研究过。达尔文在一百多年前就提到过厌恶，他是这么定义的：“厌恶是一种产生自某种让人作呕，尤其是在味觉方面（无论是想象还是真实）的情绪。”之后的很多学者也从别的角度研究了这个问题，比如Paul Ekman（保罗·艾克曼）就把厌恶列为基本表情之一。哪怕反对Ekman的Schyns教授都提到基本表情里面有一类应该是厌恶/愤怒型。可见厌恶是一种广泛存在的情绪反应。厌恶最明显的就应该是对于腐败尸体与垃圾的表现，之后延伸出对于不洁的事物，以及让人不快的行为和人的情绪体验。在过去学者的研究过程中对这一种厌恶有很多的命名：比如Rozin（罗津）与同事称之为核心厌恶，Marzillier（马基里尔）和Davery（戴福利）称之为主要厌恶。学界对厌恶有两个主流模型：Rozin团队的Rozin-Haidt-McCauley（简称RHM，来源是三位作者的姓氏）模型，以及Tybur的三域厌恶理论（three domains of disgust theory）。

目前来讲，Tybur的三域厌恶理论更受事实支持（大家态度比较积极，都在提出缺憾尽力完善），RHM模型的漏洞比较多（尤其是拿自己的名字挂上来，总感觉怪怪的）。总而言之，厌恶不光是这些题主讲到的和食品以及衍生的疾病相关，还会涉及与性接触和社会道德相关的。要了解这些区别以及它们的机制，得从现有模型说起。我在这儿详细介绍下厌恶的三域模型，这个理论可以更好地解释厌恶。甚至提出了在这一类厌恶中，人的判断不是一成不变的，而是根据情况不停地进行利弊计算。这一点在别的研究里也提到了，比如有科学家就倾向于更多短期性伴侣的性活跃者会故意调低自己对于性的厌恶从而完成他们的性活动。对于性行为的厌恶涵盖了性本身。按照该理论，这个厌恶的目的是避免人类与性价值（这里应该说繁殖角度）低的对象进行繁殖活动。权衡了可能的性接触、繁殖后代、组成家庭与避免活动留给可能更好的伴侣、产生更好的后代。对于破坏社会道德的厌恶包含了所有破坏社会规范的行为，比如盗窃、欺骗、伤害。这个厌恶的目的是让个体技巧性地服从规范，与社会大众良好统一。个体权衡了破坏规范的益处和随之而来的社会形象破坏甚至不良后果。总之厌恶的对象很明显，就是让你不快的东西。可以说对于厌恶这一种情绪，全人类皆有。在进化甚至社会生活中的经历让我们需要厌恶有共同的表达，也有相同的理解；但是“厌恶”的源头还是食物和病菌，它的原型还是和避免让消化系统接触恶心的东西相关联，自然而然这样的体验是超乎文化存在的（不论在哪个原始部落，不做处理的肉类和尸体都会让人恶心、回避）。

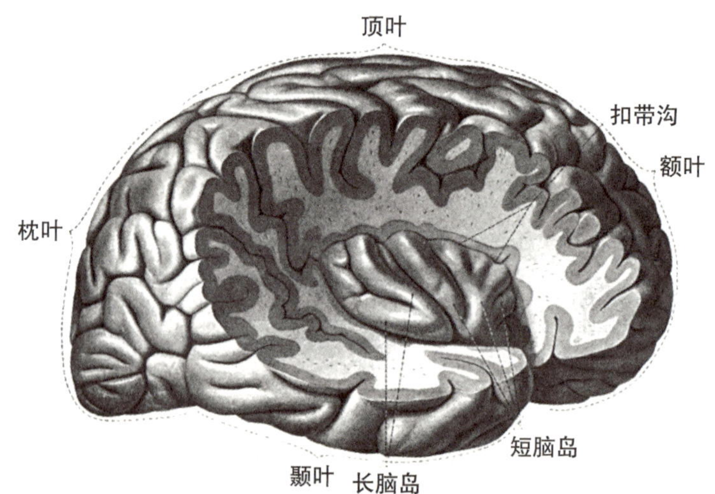

脑岛就在露出来的脑区左下部

我们回到表情上面，厌恶的表情是什么样子呢？按照Ekman的FACS理论，厌恶的情绪应该有三个组成部分：动作单位（AU）9、15、16分别是鼻子褶皱、嘴角下压，以及下嘴唇收缩。大家可以做一下感受一下。这一组动作的合成就是我们所常见的厌恶的表情。其实这类表情有很多的实际应用：（1）鼻子区域变化牵扯了眼部，让我们的眼睛暴露区域缩减。（2）鼻子吸入的气流受限。（3）保证嘴部更加紧闭。总体上来说，极大程度地减少了可能的基本传染

（就面部而言）。对于传染病的恐惧涵盖了食物、动物、与陌生人接触、卫生，甚至伤口。按照该理论，这个厌恶的目的是避免人类与可能的传染源产生物理接触。影响因素有自身健康状态、营养状态。根据理论，个体在这个时候权衡了可能得到的营养、帮助、友谊和可能的危险带来的代价。这么说来，我们摆出“厌恶”表情的时候，也不自觉地激活了祖先传递下来避免身体接触细菌的手段。难怪“厌恶”很特别：它不光传递我们不快的情绪，还尽可能地保护了我们的健康。

脑成像的研究也符合上述的假说：“厌恶”的表情有深层次的含义。相比其他情绪，唯独“厌恶”的表情可以激发我们大脑叫作脑岛（insula）的区域。脑岛区域功能很复杂，但是我们在这儿只谈它功能的一个侧面；假设你熟悉神经经济学（Neuroeconomics）的相关知识，你就会发现脑岛也是他们研究的热点之一。在其他灵长类动物的研究中科学家已经发现这个区域与食物的味道有关联。在人类脑中，脑岛也会与不愉快的（尤其是味觉）体验有联系。倘若观察到“厌恶”的 表情之后，大家的脑岛产生不一样的活跃，就可以说感受“厌恶”的表情会有深刻的进化意义：一张面孔并不见得有疾病或者不好闻的气味，但是不快的感觉可以反映我们脑中对于 “厌恶”的理解。科学家们就通过实验把“厌恶”体验、脑岛，以及他人“厌恶”的表情连接在了一起：看到别人“厌恶”的表情时，脑岛就会随着他“厌恶”的表情，像吃到坏东西一样，越发活跃。他们也排除了“是负性情绪导致脑岛的兴奋”这一个可能：“害怕”的表情并不能明显激活脑岛，只能刺激杏仁核。他们的实验发现脑岛以及其他一些涉及进食活动的区域参与了判断“厌恶”的表情：将“厌恶”表情的觉察与真实处理“厌恶”感受的脑区连接起来（不只是处理表情图像的区域，还有真切决定我们自身情绪的部分；计算器不会感叹天文数字的可怕，我们人类会）。我们在分析“厌恶”时不只是判断表情的肌肉运动，还涉及了深层次的关乎生存的判断。

总结一下上述的内容，你就能发现一个有趣的关系：第一，“厌恶”表情本身的作用就是避免我们接触不洁的物体，以便保持健康；第二，“厌恶”表情或者“厌恶”的感受随着生活扩展到了方方面面，可以代表我们对于不喜欢的事物的情感；第三，当我们看到别人“厌恶”的表情时，我们的脑岛会特别参与判断情绪。“厌恶”的表情起始于关乎健康的动作，也能激活大脑内涉及判断味道、体验的脑区。我们可以说“厌恶”不仅反映这个人的情绪，还是一种自我保护机制。久而久之我们也能反推情绪和表情的关系，利用别人的情绪保护好自己的健康，传递自己的态度，也能够理解别人的想法。就好比看云识天气一样，云可不是为了我们做天气预报而生。表情并不是为了情绪而生，而是我们分辨情绪的系统搞清楚一个人表情和情绪之间的联系，成功破解了关系。大脑可不只是情绪判断的大师，更是“破解（反向工程）专家”。

包含表情的面孔在我们心中是什么样?

在表情研究领域，有一套叫作FACS的面部动作编码系统用于分析面部肌肉运动从而描述表情。比如在这个系统内，最为标准（切记这个只是他们发现的标准动作，很多别的组合也能够传递笑容，但是不见得会像这一个被广泛准确地判断）的“开心/愉快”表情应该是脸颊上升（眼角肌肉的体现）以及嘴角上升（脸颊一条肌肉提升）。在美剧《别对我说谎》中的专家Lightman博士（你没看错，就是Ekman教授参与的，拍的就是他心中的自己吧）能依靠这一套编码系统分辨别人的表情。不过我们的大脑既不是Lightman博士那样的“专家”的大脑，也不会这一套基于生理和解剖学的技术，依然能够很准确地判断别人的表情情绪，这是为什么呢？倘若肌肉是表情的

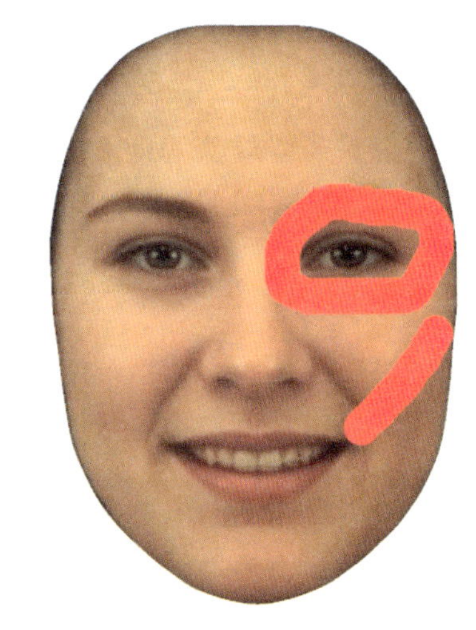

红色高亮区域就是笑容所涉及的肌肉

因，大脑更倾向于从表情的果去推测表情，然后理解情绪。表情在我们眼里，最初应该是线条、颜色、明暗这样初级的信息，之后才被整体识别成为一组面部特征，最后才能被当作表情被特别的模块处理。

就和判断面孔所代表的身份一样，大脑在“理解”表情传递的情绪之前先分析了面孔所传递的“地理信息”。我们可以这样理解，在最终“裁决”情绪的神经系统之前，大脑先要把看到的面孔通过视觉处理系统“翻译”为“裁判们”理解的“语句”。所以说这个系统还是挺复杂的。我们先谈一谈“翻译”的过程。

画自画像对于不擅长绘画的朋友肯定是困难的：比如我在足球游戏中对虚拟角色“捏脸”的过程，即通过调整数据刻画让游戏中的面孔的过程，都做不好，何谈画出自己的相貌（身份）？不过如果让你画一张笑脸，我相信多数人毫无问题。这就和现在我们用的网络表情一样，几条线段（比如：D以及^_^都能够传递笑容）方可传递出表情和情绪。倘若你还熟悉前面几章的内容，会不会觉得情绪信息只需要局部信息就足够？其实不是，这个例子恰恰反映表情情绪（相比身份）的多层次与复杂性。

我们先复习一下整体识别与局部识别的区别。整体识别强调我们在判断时把所有的局部融合成一个抽象的整体，然后不拘泥于细节地判断，而局部识别强调我们根据某些细节来判断。倘若几条线段便可以让我们产生对于面孔情绪的判断，我们可以说面孔情绪的判断层次不高，因为线条算是最基础的视觉信息；我们也可以说局部信息可以影响我们对于面孔表情的判断。在做判断之前，我们先看看前人的研究成果。

“合成面孔效应”是面孔整体识别的试金石，倘若要了解表情涉及整体还是局部识别便可以利用这个效应。Calder（考尔德）和同事就利用“合成面孔效应”，一张面孔的上下部分由两张包含不同情绪的面孔组成，检测面孔是不是整体识别的：观察参与实验的志愿者能不能搞清楚上下部分是什么情绪。他们发现相比连在一起的图片，判断分开的图片（无论上下部分）更快也更准确：因为一旦两张面孔部分连接在一起就会激活整体识别，所以上下半张脸的局部识别会被压抑；但是一旦面孔不是连接在一起就能破坏整体识别，因此判断半张面孔受到更少影响。但是当Calder教授把图片倒置过来之后，由于倒置面孔效应也能干扰整体识别，因而连接与分开的“合成面孔”差距被缩减了很多。因此在两种判断整体效应的“试金石”下，针对面孔表情的识别过程是整体识别的说法被强有力地支持。我们可以说人们判断面孔情绪时，会倾向于合并所有的信息，化作一个整体来判断。脑成像的数据也表明大脑挺喜欢通过表情上低空间频率部分判断“害怕”的情绪；而低空间频率信息即是整体识别的关键要素。不过判断情绪就完全依靠整体识别并且利用低空间频率信息吗?

相对面孔的身份部分（身份判断有时候也会依赖局部信息），面孔的情绪部分实在复杂。这里就有一个好例子：尽管先天性面孔失认症患者能够判断他人表情中的情绪，但是由于梭状回面孔区的失调（涉及整体识别），有些面孔失认症患者在整体识别能力上非常弱。虽然能够识别情绪，但不是利用整体识别，因而先天性面孔失认症患者的表情情绪更依靠局部信息补偿。在正常人身上，有时候局部信息也足够支持情绪判断。Smith（史密斯）与同事们也用“气泡脸技术”发觉基本表情情绪的判断分别依赖于不同的局部：比如“高兴”的表情依赖于嘴唇传递，但是“害怕”的表情依靠眼睛传递。

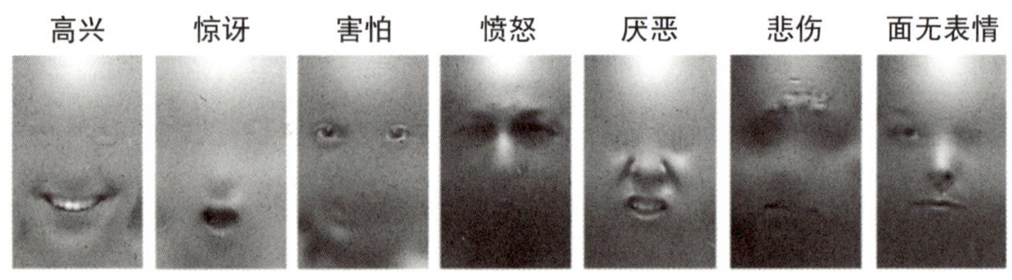

这一些面孔部分是传递这几种表情情绪的必要区域。图片来自Smithet al.，2005

再回忆下戴着眼罩的侠客佐罗，遮住眼睛部分便能让人不好辨认身份，但是余下的嘴还是能传递一部分表情。当然，由于（这本书前半部分提到过的）整体识别以及眼睛、眉毛在情绪中的作用，被遮盖情况下表情识别会慢不少也难不少，但还是可以判断。局部识别也是判断情绪中很重要的部分。大家想一想，有时候表情不适合摆出来，但是局部的变化足以传递情绪：领导说错话之后，台下的你们肯定不敢笑出声，互相看一下睁大的眼睛和高耸的眉毛就能互相传递你们复杂的情感。对于局部识别，有几组科学家做出了巧妙的研究。眼睛可以传情达意，最重要的一点就是巩膜（眼白）与瞳孔黑白对比。Whalen（惠伦）与同事就利用这点做了一个核磁共振实验：那么我们只看眼白部分能不能也体会到情绪呢？他们选取了“高兴”与“害怕”两种情绪，它们由于眼部活动不同，露出来的巩膜大小差距最显著。他们发现尽管图片只被呈现17毫秒，人们脑中的杏仁核（参与害怕体验的一个脑区）会被接近四倍地激活。也就是说大脑可以通过一小部分的重要信息判断出面孔所传递的情绪。其实整体识别也源自局部的信息，尤其是整体信息缺失时我们的大脑的一些部分（杏仁核）可以利用有限的信息做出准确判断。

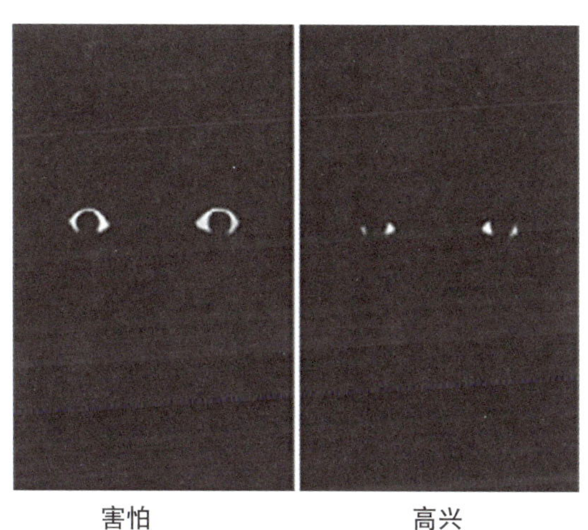

很明显，害怕的表情中眼睛的形状和对比度不同

不光是面孔上的一部分足以激发判断情绪的神经系统活跃，简单几道曲线也可以让我们真切地感觉到开心或者悲伤。之前我提到过“适应后效”的研究，这种研究方法可以像脑成像一样，从行为上探究神经系统的工作原理。它本是我们大脑用来最大化适应环境的一套被动手段，现在被科学家用来研究大脑。“适应后效”的原理可以用下面一个（不恰当的）例子来理解：大脑接收到一波刺激之后，相对应的区域神经会“疲倦”，因此它们立即判断同样的刺

激时，会因为神经活跃性降低以及引发的复杂处理模式变化而产生改变：吃了一粒糖之后，同样的糖不见得会那么甜；当我们看多了笑容，面无表情的面孔会看起来有点不开心。徐红教授和她的同事就用适应后效探讨了下局部信息对于“高兴”和“悲伤”的影响。众所周知，开心时我们嘴角向上弯，悲伤时嘴角向下弯；那这一个低层次的曲线会不会影响我们的情绪判断呢？结果竟然是可以，看了凹的曲线，之后的面孔看起来都不甚开心，看到了凸的曲线，面孔看起来会显得开心一些。这个实验不光突出局部识别对于面孔的影响，甚至强调了跨层次的影响：曲线最为直接地表现了初级视觉皮层的信息比较低级，面孔作为复杂抽象的数据，依靠大量系统便显得比较高级。其实我认为，曲线产生了低层次的适应后效，让嘴角看起来不那么弯，因而在整体识别之时感觉起来不弯的嘴角改变了情绪判断，也就彰显后效。所以说整体识别还是情绪判断的重点，但是局部识别参与很多；同时由于情绪的处理横跨视觉信息的多个层次，所以也有多层次性。看起来简单的面孔，在判断表情情绪时却不简单：在我们心中，每张面孔上的情绪都是立体的饱满的，是横跨空间分辨率的，也就是横跨了线到面甚至立体图形的维度。

尽管用手遮住嘴巴也可能让人判断出来你的身份，而且用手遮盖你的嘴巴也不能完全遮盖住你的笑容。所以下次倘若你的领导说错话了，你还是忍住别笑比较好，遮不住啊（整体信息和局部信息都足以判断情绪）。

大脑是怎么加工表情情绪的?

科学的目标肯定不只是发现现象（能判断面孔情绪），还要理解原理（大脑怎么编码）；不过在这之前还是要先理解大脑哪些系统参与情绪识别。相比通过面孔判断身份，判断表情传递的情绪更加复杂和多层次。然而大脑也需要更加复杂的系统去分辨一张面孔所传递的信息：也就是面孔上转瞬即逝的那一部分信息。按照Haxby与同事的面孔分析的神经模型判断表情情绪需要至少两个步骤：第一步是核心系统对于面孔的视觉信息加工和描述，第二步就是拓展系统中一些分布的大脑区域对于已经分析好的视觉信息进行解读和理解。

相对于判断面孔身份，加工面孔所传递的情绪需要复杂的神经活动。相比身份的判断是后天学习的，我们人类在出生后不久（36个小时的时候，完全没有社会经验，也没有人传授他们判断情绪的秘诀）就能够判断和模仿情绪。可见情绪判断的重要和复杂。在判断以及理解情绪的时候，不光是大脑皮层（cortical）上的神经区域参加了活动，甚至皮层下的（subcortical）神经系统也参与了工作。

许多有大脑的动物都有皮层下组织，它参与维系生命的基础活动，在情绪判断的时候快速，不需要注意力的参与，且稍显粗糙；而皮层组织只有少数动物才有（比如青蛙就没有，它在进化历程的近期才出现），较需要意识才能进行处理，速度虽慢但是判断准确。这两套互补的情绪系统可以应付生活中的各种情况，从突如其来的灾难到细致揣摩上意都能用到。下面，让我们逆向与大脑的发育进化历史先从皮层上的神经系统开始讲。

自从科学家们发现猴脑颞叶皮层存在“专门服务”于理解面孔表情、情绪的细胞之后，科学家们更想要搞清楚表情这样一种社交中必不可少的信息到底会在脑海中如何被处理：表情情绪在大脑中是否被专门的系统处理，如果有，它们在哪儿。正如Bruce和Young教授的面孔模型所说，表情与身份应该是面孔所能提供的两种不同信息的代表。因而，不少科学家都致力于区分身份与表情处理的大脑区域。前几章我们已经知道梭状回面孔区（fusiform face area）配合上前颞叶（anterior temporal）是大脑分析一张面孔属于谁的主要位置。通过猕猴脑中的实验科学家发现大脑中颞上沟（superior temporalsulcus）对于通过面部识别身份的变化没有明显反馈（比如说看到张三和看到李四，颞上沟兴奋没有差异，唯独有表情的面孔才能激发它活跃兴奋。比如相比没有情绪的面孔，有无论什么情绪的面孔都能激起颞上沟的活跃）。人脑和猴脑虽然相近，但是由于我们的大脑更为复杂，功能更多，还是有所差异：在人脑中类似于猴脑对于表情活跃的区域是后颞上沟（pSTS）而非整个颞上沟（分别是在核磁共振精度提升之后更清晰）。颞上沟不只对情绪表情有反应，它对眼睛、动态，甚至身份信息都有活跃。毕竟它紧邻中颞叶皮层，直接接收到动态的信息，所以表情和眼动信息在它那儿一视同仁，都是一样动态的信息，无非是前者在我们看来传递情绪，后者传递注意罢了。也有科学家认为后颞上沟不仅自身设计情绪判断，还作为情绪信息的中枢，汇总融合表情情绪信息（甚至声音情绪信息）。总而言之，后颞上沟是表情情绪信息判断的一个重要节点，也是面孔识别中三个重要的中枢之一。

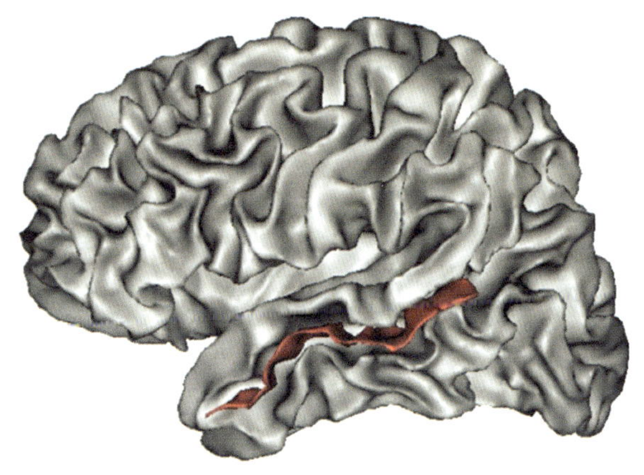

这条红红的脑区就是颞上沟，它足够让我们判断别人的情绪。按照最新的理解，颞上沟参与动态、动作的理解，表情也是一种动态信息，也能表达之后此人会有什么样的行为。这没准儿就是颞上沟参与情绪的原因

利用相同的技术，科学家借助功能性核磁共振成像配合适应后效的方法发现判断面孔身份信息涉及脑中梭状回面孔区，而判断表情情绪会涉及后颞上沟：当我们反复识别同一个人面孔的时候，判断身份的区域应产生适应效果（兴奋程度下降）；而我们连续看到同一种情绪的时候，判断表情的区域会有兴奋度差异。不过表情可

比身份复杂多了，甚至两者都有点说不清楚的关系。虽然身份信息完全不会受到表情的影响，但是表情似乎会被身份影响：对于表情的初期判断会受到身份处理模块的影响。显然表情有完全不受身份干扰的部分，也有些受到身份信息干扰的部分。身份信息对表情信息的干扰简单原因就是大脑中的这些模块互相连接（互相通信，甚至有时候共享处理模块），更不要说我们划分面孔处理模块时用的研究手法有限。其实这些核心区域都涉及面孔的处理，无非是颞上沟专一于面孔上瞬息万变的部分，所以对于表情特别“上心”，而梭状回面孔区对于高空间频率的信息反应灵敏，它的反应足够辅助其他区域识别面孔的情绪。表情与身份无关的部分还是比重比较大的，最好的证明就是先天性面孔失认者：他们没法从面孔判断别人的身份，但是还有比较准确的身份识别能力。

后颞上沟是感受面孔情绪的（皮层上）处理模块之一，涉及处理“表情的地理信息”；类似于梭状回面孔区，它们都勤勤恳恳搬运面孔上的信息。对于“究竟是什么情绪”的完整判断和理解还得与别的区域一起工作：感受情绪的大脑区域。正如同我们上面举的例子，脑岛涉及判断不好的味道以及不舒服的体验，也涉及判断“厌恶”的表情。从大脑活跃的角度来看，看到一张露出“厌恶”表情的面孔和喝一大口变质牛奶一样都能让脑岛“惊起”。甚至 Todorov（托多洛夫）与同事还发现，哪怕不带表情，只要见到一个做过让人“厌恶”的事情的人（比如随地吐痰，不捂嘴巴打喷嚏），相比做过其他负性事情的人（比如打人，骂人）会让你的左前脑岛更加活跃：只要涉及对于“厌恶”情绪的处理，脑岛就会

“站出来”帮助你做好判断。

另一个重要的情绪判断区域就是杏仁核（amygdala），这个看起来像杏仁的区域虽然小但并不简单，它身处边缘系统在皮层下，拥有较为久远的进化历史。它既可以从大脑皮层获得比较细致的、被仔细加工过的信息，也可以从丘脑（还有上丘以及丘脑枕）更快地获得粗糙的信息。有科学家说杏仁核就是大脑内的警觉系统，它也参与大脑判断情绪的活动，而且它涉及大脑对于面孔的加工。尽管在20世纪80年代就有关于动物杏仁核和情绪的研究，不过人类的研究很少。究其原因就是动物研究中会损伤它们的大脑，但是人类的这种研究这是不道德的。人类大脑杏仁核功能的研究需要 “机缘巧合”，需要脑损伤病人才行。这不得不提一位脑科学研究中著名的由于种种原因双侧的杏仁核损伤脑损伤病人SM。尽管判断“谁是谁” 对于SM而言不是问题，毕竟她的梭状回皮层安然无恙，但是判断情绪就如同登天一般。SM最大的问题是她在患病后再也体会不到 “恐惧”的感觉，也无法从别人面孔上获取 “恐惧”的表情；不止如此，她在判断面孔多种情绪的时候也出现了异样。毫无异议，拥有正常杏仁核的普通人对于表情判断几乎没有问题。既然缺少健康的杏仁核会造成情绪判断的差异，那么杏仁核本身如何涉及情绪判断呢？最简单的方法就是探寻普通人的杏仁核如何响应不同的情绪图片。SM体会不了“恐惧”的感觉，自然而然杏仁核对于“恐惧”有独特的作用：有科学家就发现左侧的杏仁核对于“恐惧”面孔相较“高兴”面孔有更显著的反应，而这种反应随着面孔上的情绪比重升高而提升。SM在判断“高兴”的面孔上有点小问题，普通人的杏仁核也对于“高兴”的面孔有不同：相较面无表情的自然面孔，传递开心笑容的面孔能激发左侧前杏仁核的显著兴奋。Morris（莫里斯）他们的实验也是比较“高兴”情绪，但是由于成像手段不同（PET与fMRI的空间分辨率问题）以及实验中被试的任务有差异，所以结果不同。不光是上述表情，“难过”的表情情绪也会激发起杏仁核的反应，不过“愤怒”情绪并不通过杏仁核却激发起前扣带回皮层和眼窝前额皮质的反应（这两个组织都对情绪有反应，它们往往参与在社会背景情况下的行为调控；愤怒的表情可以激发起观察者对于活动/战斗的准备）。综上所述，杏仁核就像颞上沟一样是加工面孔表情的重要区域。

杏仁核真的负责对于表情的加工吗？其实也不一定，正如上文提到的颞上沟与梭状回面孔区一样，倘若它只是情绪的搬运工，照样会有反应：商业繁忙，码头工人肯定工作量大，但是不能说码头工人的工作决定了商业好坏。回到病人SM的例子上，Adolphs（阿道夫）教授与同事很清楚她没有识别“恐惧”的能力，但是这不是故事的全部。在2005年的实验里面，他们用眼动仪检测SM如何观察面孔：正常人会注意嘴唇，也会更加注重眼睛（上文提到眼睛是判断恐惧的关键区域）；但是SM观察面孔没有“章法”，尤其是不会注意眼睛。当科学家让她注意照片中的眼睛区域时，她的判断准确性竟然达到了常人水平。也就是说杏仁核可能不直接参与分析面孔传递的情绪，而是作为一个枢纽沟通不同的皮层达到情绪识别，也会作为“警觉中心”参与判断表情有无生理上的重要性。

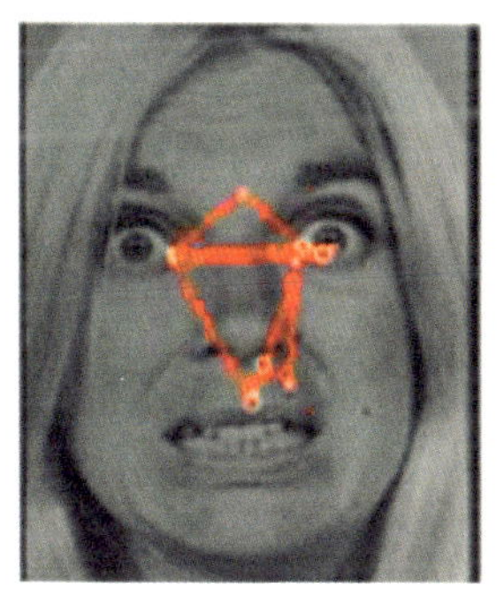 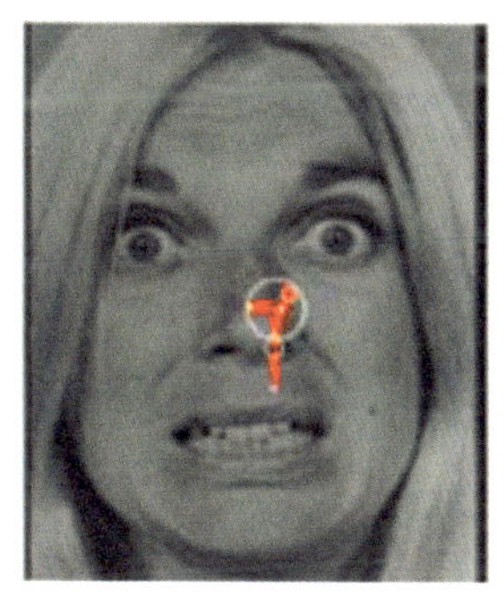

左图是正常人判断情绪时的眼睛移动情况：正常人还是很关注眼睛区域。右图是病人SM的眼动情况：她由于杏仁核的损伤，对于表情的判断和正常人很不一样，甚至不会充分利用眼睛信息，因此没法自主判断“害怕”的情绪。虽然眼动图不能理解为只是在看哪一个圆圈或者点，但是两者差异巨大，足够说明杏仁核在情绪认知中的作用

尽管颞上沟和杏仁核都是重要的表情加工区域，但是它们对待表情还是依靠不同的表达方法。在脑中表达情绪信息的时候，颞上沟与杏仁核甚至梭状回面孔区（它的参与原因很复杂，在现在也是研究的热点，我认为既然梭状回面孔区是面孔信息的一个归集中心，它自然而然会对面孔图片的变化也有反应差异：不同的表情虽然是同一个人，但是面部的肌肉和线条还是有变化，会出现在不同的包含情绪维度的面孔地图上）都会对情绪变化产生显著的反应：也就是说它们都参与情绪的加工。但是颞上沟和杏仁核相比还是有不同之处的：颞上沟忠实反映面孔上的动态，所以表情的不同程度都是不同的动态，只要有变化就要有兴奋；杏仁核作为警觉中心和枢纽，对于不同的情绪（比如“恐惧”）有特别的注意，在对情绪进行判断时不会在意强弱，更在意到底是什么情绪。在他们的研究

中，结果指出颞上沟对于连续出现的两张同种但不同强弱的情绪图片的反应差异类似对于两张连续出现的不同情绪图片的反应差异，即颞上沟对于面孔是按照强弱连续处理的；但杏仁核对于不同情绪的反应差异远大于两张同一情绪的图片引发的反应差异，即杏仁核对于情绪按照类别处理。两个区域一个使用“一视同仁”的手段向更高级的皮层描述表情，一个使用“因地制宜”的手段向大脑描述表情；这样“一静一动”为大脑判断情绪提供了鲜活的“面孔数据”。

处理面孔表情传递的情绪需要各层次的大脑区域进行协同工作，其中颞上沟和杏仁核是加工面孔信息的重要区域，其他区域（比如前额叶、脑岛、扣带回皮层等）参与判断和理解情绪甚至规划对于情绪的反应。单纯从视觉加工角度来看，颞上沟和杏仁核是最重要的区域。要是没有它们，生活中的喜怒哀乐就会失色许多。

“面无表情”也会有情绪吗?

按照常理，面无表情就应该是面孔完全松弛的状态，也可以说毫无表情、毫无情绪。当然一般人拍旅游照、聚会照肯定不会这么拍，除非是故意搞怪。但是这样的照片往往出现在护照上，身份证上。你有没有觉得自己的证件照虽然看起来很“标准”，但是感觉怪怪的呢？看起来是不是有点像“在逃犯人”呢？

其实这个问题有两层原因：第一，照片是二维和静态地捕捉三维和动态面孔的过程，由于证件照要求难免会让面孔与生活中的感觉不一样，甚至有人说这是“冻脸效应”的反映；第二，毫无表情的面孔虽然并没有传递任何情绪，但是在其他人看起来还是带有情绪的。换句话说，就是你可能没有试图传达表情，但是观察者“解读出”一种表情。为什么面无表情还能带有情绪呢？其实有两个原因：（1）放松下“毫无表情”的面孔（静息态）本身看起来就稍显消极；（2）因为我们的面孔肌肉会随着年龄变化，松弛状态下的面孔并不似小时候（或者说理想状态下）般完全放松，以至于带有一定消极的痕迹。

科学家们在以往的实验中都假设放松的面孔是不带任何情绪的，并且把它们当作表情判断基准线。倘若“面无表情”其实包含情绪，是不是会让研究产生问题呢？结果是有点问题，任何一个预先假设都要慎之又慎。Lee与同事敏锐地觉察到了这一问题，于是他们做实验探索了一下到底大家心中的“面无表情”是否带有情绪。通过一种改进后的内隐联想测验方法，他们发现在人们心中“面无表情”与负面情绪连接比较强，也就是说实际感觉起来偏负性。他们还说真正看起来情绪中性的表情应该是四分之一的“高兴”混合四分之三的“面无表情”。我也曾经做过一个小实验：在一组志愿者面前呈现一些表情图片，然后让他们判断每个表情的情绪。这一组十张图片是我用电脑软件合成的，情绪从面无表情到开心均匀分布。原始图片都是来自标准的表情图片库，库中的图片都是专业演员按照FACS系统摆出表情，所以毫无表情的面孔上肌肉都是正常的松弛状态（也肯定有肌肉是紧张的，但总体是符合正常情况的）。结果就是毫无表情的面孔看起来稍显“难过”，而当面孔稍带开心神采（大约20%）时才会感觉是面无表情是。更关键的是，其实每个人对于表情的判断都不同：有的人偏“保守”些，

这张合成的面孔图片展示“面无表情”（自然）的表情。虽然乍一看的确有些许不积极，毕竟面无表情状态下也是有“表情”。一种原因就是判断“高兴”与“悲伤”的情绪都依赖嘴，而图中嘴角略微向下，看起来稍显“悲伤”

表情很明显才会觉得有情绪；而有的人反之。他人眼中的面无表情完全可以在你眼里是情绪满满。不过话说回来，为什么大多数人都感觉松弛的面孔稍带负面情绪呢？

表情的物理源头是肌肉和皮肤的收缩和舒张，所以要了解“面无表情”为什么会传递情绪得要看看肌肉和皮肤。文学作品中常提到“岁月印刻在他的脸庞”，其实他们说得很对：随着年纪增长，皮肤的衰老会让我们的面孔产生些许变化（皱纹）。这一种变化会反映在面孔放松的时候。时光印刻在我们的面孔之上的正是岁月的痕迹，这些痕迹往往会和我们喜欢做的表情以及我们自身的性格有关系。通过老年人的面孔有时候我们就能判断清楚他/她的性格也是因为这个道理；少做表情没准儿真能延缓衰老。所以说，中性的表情会受到我们先前生活的影响而显得不再中性，在年纪大的人面孔上尤其明显：中年人看起来严肃其实并不是真的多严肃，很有可能就是因为岁月痕迹。

当然，不光是面孔本身会在时光影响下出现物理性的变化；面孔本身就会带着一定的故事：当我们看到一张面孔的时候，一旦搞清楚“这是谁”，我们就会开始在脑中搜刮关于这张面孔主人的故事。比如一个人做了不雅的事情还被别人记住，其他人看到这个人的时候脑海中参与“厌恶”情绪分析的脑岛会有不一般的反应。也就是说，哪怕一个人不带表情，他之前做的事情依旧会影响我们怎么看他，怎么理解他。尤其是一些做了坏事的人，哪怕他们面若桃花，我们心中依旧会对他们敬而远之，自然而然能体会到消极情绪。

放松的时候不妨微微笑一笑，没准儿看起来会显得更亲切。

表情是跨文化通用的吗?

和外国人有过接触的朋友也会有体会，虽然你可能没法直接交流，但是双方的表情跨越了文化与语言：对方笑你知道是高兴和接纳。相比母语，我们至少从小学开始学到高中才能说掌握，不过表情似乎从来没有出现在教学之中，而不少新生儿都能够察觉到“高兴”“悲伤”“兴奋”标签的区别，是不是说明有一些表情是“经世通用”，甚至是人类的“标准配置”呢？换个例子，我们在交流的时候可能会有语言不畅，也可能因为智力和知识水平不能聊到一块儿去，但是，表情的理解绝对没有问题：要不然怎么会有人一言不合，再看到对方挑衅的表情就打起来。表情能够传递情绪，是最重要的社交信息

尽管图中的面孔明显属于高加索人种，对我们来说是其他文化下的面孔。对于这张外国人面孔，相信大家都能判断出她态度积极，意图通过表情传达“高兴”的情绪

之一。不过我们是怎么轻松掌握表情的呢？我们所有人都共享同一套表情吗？

首先我们得明确一个概念：表情不等于情绪。严格说来，表情是我们用于理解他人情绪的一个途径，有时候也是我们传达自身情绪的媒介。表情并不能百分之百准确地传达情绪，因为我们可以压抑自己的感受：军训的时候，哪怕受到批评，感觉到“难过”，你也有能力压抑自己的表情一成不变。也有时候表情并不由情绪激发：商场的导购总是笑容满满，不过他们的笑容并不是由于开心，而是职业性的微笑罢了。分辨职业性的微笑最重要一点就是眼睛附近的肌肉，伪装的笑容很难做到。其次我们还要明确一个观点：不只有一个表情能传递一个情绪。我们有时会咧嘴大笑，有时候会压抑口部，但是眉毛会展露出笑意；这都符合FACS的标准，因为系统中的界定是嘴角上升，并不一定要求张嘴或者闭嘴，甚至只咧左半边嘴也可以。上升表情都能够反映出笑容，我也相信大家都能准确判断。最后，并不是每个人都能够清楚地表达情绪，有些人本身看起来就很木讷、不苟言笑，也有人光彩照人心情全表现在脸上。描述表情和情绪的关系是跨越人群表达的一种趋势，而不是建立数学模型把每个人套进去，更不要说有些文化会鼓励表达情绪，有些会压抑，但是大体的趋势都会显现，只不过是度的问题罢了。

演化论先驱达尔文不光研究动物的起源，也探索过情绪和表情的关系。他不光提出了演化假说，还通过多方研究探索演化的痕迹。粗略来说，人类有共同的祖先，也就会有共同的生存环境。表情出现肯定不是只为传递情绪，也就是会有背后的目的。在达尔文看来，很有可能大家都用同一套表情传递情绪。他所在的时代是地理大发现之后的黄金时代（对于英国来讲）。来自英国的商人、军人、外交官、科学家，甚至新移民随着航海技术以及地理的探索足迹遍布全球。此等物质基础给了达尔文思考表情的余地：倘若不同文化中的人用不一样的表情沟通，英国的公民在国外交流就该有问题；相反如果全球的人都用同一套表情交流，所有人至少在表情上应该没有区别。在1872年，他在著作《人类与动物的表情》中就谈到了他的研究成果。达尔文搜集遍布五大洲的英国在海外的公民对于所在地风土人情的记录，发现了一个有趣的现象：在有记录的八个国家，他的“研究员们”发现当地人在传递同一种情绪时都用相同的表情。举例说就是英国商人的笑和马兰女工的笑没有区别，英国外交官与非洲劳工的愤怒也别无二致。尽管这项小研究从现在学术角度来看有缺陷，不具有代表性，但是达尔文的遐想加上粗略的结果以及可行的实验设计本身，激励了后世以Ekman教授为代表的科学家研究表情情绪。以至于20世纪末很多科学家认为“面孔传递的表情情绪经世通用”，或者至少说“基本情绪被全人类共享”，也有人说“表情和情绪的关系在0%到100%之间”。当然这种表述是不准确的（之后会看到相当多的反例），最为严格的表述应当是情绪研究的著名科学家Ekman教授的一句总结：面部表情和想要传递的情绪有着跨文化性，当然文化本身也会影响表情和情绪的关系。

21世纪研究表情的学者相当多，我没办法一一列举，只能用最为著名的旗手Ekman教授的科研成果来阐述波澜壮阔的科研进程。

Ekman教授吸取达尔文研究的不足，果断去了各个国家进一步完成探究面部表情的研究。相比我们坐在实验室里收集数据，他的研究往往会面对不同文化、不同宗教，甚至疾病的挑战；Ekman以及同期的科研工作者完成了科研中最基础也是最累的一部分。按照他1999年的总结，Ekman教授的研究涉及21个区域，探索了非洲原始部落、太平洋上的隔绝海岛（苏门答腊附近岛屿）、东方文化圈的中国和日本、位处地中海西方文化发源地的希腊和意大利、北欧的瑞典，更不要提盎格鲁-撒克逊人的聚居地英伦三岛还有法国、德国等等地方。他们的研究方法其实也简单，先拍摄一组标准表情的图片以及一组情绪清单，这一组图片至少在他的祖国美国，人人都可以判断清楚情绪。接着他或者他的同事亲赴研究地点，给大量参与实验的志愿者一张张看图片。看完之后让他们从当地语言翻译过来的情绪清单里面选取最为合适的情绪词。分析数据之后，Ekman教授感叹结果太好了。这21个区域的人几乎都能够识别六种情绪：所有21个区域的人都能准确判断什么样的面孔是“高兴”（happiness），什么样的面孔展露出“悲伤”（sadness），什么样的面孔表露出“恶心”（disgust）。其余有20个区域的人达成了“兴奋”（suprised）的共识；19个区域的人都能理解“害怕”（fear）的表情；还有18个区域的群众能够准确判断 “愤怒”（anger）的表情。实际有多少种“表情和情绪”的关系被全世界认可呢？Ekman教授也觉得说不准。不过这六种情绪，由于表情动作差异大，进化意义上差异大。到了近期，很多研究都支持基本表情之间有一定的独立性：比如Calder与同事就用因素分析方法发现这六种静态的情绪表情相互之间差异显著。Hsu 与 Young也发现基本表情之间干扰很小，依赖独立显著的处理方法：当我们的神经系统适应一种基本表情之后，毫无表情的面孔都看起来有点不像之前看到的表情，而非其余的表情；也就是说基本表情的处理都是在独立的轴上（独立的处理方法），所以适应一个表情只会让之后看到的表情在这个轴上变化，而不会看起来像别的表情。最终，科学界习惯性把这六种表情称为六种基本表情情绪。

当然，很多复杂的表情在不同文化中还是不一样，比如说“骄傲”和“嘲笑”都有文化甚至时代的特异性，我们暂且只谈“基本”表情情绪。为了进一步提升结果的可靠性，Ekman的实验团队亲赴新几内亚，在那里有一个与世隔绝的部落。这个部落完全没有机会接收到西方文化或者面孔的干扰，也就是说他们没有机会“学习”别的文化下的表情情绪。结果和之前一样，与世隔绝并不直接导致认不出别的社会所用的表情。尽管没有办法对每一个社会、每一种文化下的人都进行实验，但是这一组实验中横跨多个文化的共性已经让人惊讶。

当然也不是所有人都支持“表情跨文化”的观点；其实问题在于很多人对于这个观点理解不同。比如Russell（罗素）就是对Ekman教授的观点最主要的一位怀疑者：先不说观点对不对，你的研究有纰漏。第一，的确能够找到一些特例，在这些特别的文化中表情与其他地方的人不一样。比如最近有个研究发现辛巴人似乎与绝大多数地方的人用不一样的表情。Ekman教授看了Russel的批评之后很是生气，回复了一段：你对我的研究理解偏差了！你对我的用词也理解错了！简单说来，Russel心中的“跨文化共用表情”可以被认为是数学理论中的强版本，也就是Russel认为既然说公用就得每个人都得用（近似于）。而Ekman教授的观点是并不是“全人类用同样表情传递情绪”，而是表达“情绪和表情在全世界都有相关性”；不得不说Ekman给这个观点起的名字不好，让大家误认，误解。其实Ekman自己的研究中的确也发现一些地区的人不用某些表情表达某些情绪的现象，但是全世界大多数的人都能在一些情绪和表情的关系上达成共识。所以说Ekman和同事口中的跨文化表情识别并不是说每个人都要由同样的表情来抒发感情，而更多地强调一种共识：哪怕都在一座城市，还会有人因为错误地理解别人“表情不友善”而打人。甚至很多之后“攻击”Ekman的“跨文化共用表情”假说的实验往往没有切中要害，只是弄大新闻罢了：举出一个反例其实没法动摇这个假说的根基（根基在于大多数人的共识，而不是所有人）。真正能反驳他观点的应该是一种发现，Ekman自己写道：

只有当发现一个文化中的绝大多数人表达一种情绪所用的表情和其他一个文化中绝大多数人表达另一种情绪所用的表情重叠时。

也就是说这样的反例完全能被Ekman教授的理论涵盖；更遑论1987年时Ekman也承认会有文化不同，但是存在文化不同是证伪“所有文化中都用同样表情”的反例。但是Ekman的观点是文化会在表情传达基本情绪上有共识。只能说“跨文化共识”这个帽子有点大，招来了一些抠字眼的批评。我个人比较支持Ekman的观点，观点也难免有偏颇，不过读者可以自行判断。反正你对来自中国其他地方的朋友或者海外朋友展示一个真诚的笑容，是没有人会感觉你有恶意的。

Russell也非等闲之辈，按照Ekman教授强忍住怒气但是字里行间都是嘲讽的话说：“真少见有人看了那么多论文，然后如此认真地写了一篇这样的概述，我Ekman感谢他。不过让人感到可惜，他的论述无视了关键证据。”

Russel教授是有备而来。他的第二个批评（砖块）显得有力不少：你Ekman是给人做选择题，倘若一个表情（比如笑容）并不真的表达开心，那么参与实验的人倘若找不到传达他真正感受的词，会不会被你的实验引导选择了你想要的结果呢？扩大点说，你的实验是不是缺乏基本的信效度？会不会有些在一个社会里广泛的情绪在别的社会没法用语言表达呢？我翻译下就是说Russel怀疑Ekman的实验设计不完善，结果可能被实验设计本身干扰。那好，干脆让参与实验的人自己选词语描绘感受就好。从1971年Izard（伊泽德）的研究到1995年Russel自己的研究都发现大多数人哪怕自己命名“情绪”的时候，用词也会有共性；也就是说大多数人在表情分类方面有共识。不过大概Russel教授有点着急，他强调结果中的差异，忽略了共性。没办法，他和Ekman争论的可能都不是一回事。要是这个实验还不令人满意，Ekman教授搬出了曾经用过的另一个实验方法：给当地人描述一种情感然后拍摄他们所做的表情。比如说 “你得知你孩子死亡的消息”的情景应该对应一种传递“悲伤” 情感的表情；Ekman教授把该人的表情通过摄影摄像手段记录下来。我们可以事后比较这些图片：假如，同一个文化中表达“悲伤”的表情应该很相似，而且这一个文化中的“悲伤”和其他文化中的“悲伤”很相似的话我们可以说共享“悲伤”的情绪。总而言之，随着技术的提升，以及严格的实验设计，可以发现绝大多数地方的绝大多数人共享基本表情。只要是有人参与的研究就难以避免实验者的影响，硬要说有干扰也是没有办法的。Russel教授也有第三个批评，这个批评我认为切中要害：Ekman测量的只是人们对于静态图片的判断，不能简单推广到日常生活中。虽然Ekman的确以别的办法弥补这个问题，但是囿于技术限制不能完全清除（这也是新世纪技术提升后有人驳斥他理论的原因之一）。总而言之，Russel对于Ekman的批评大多数被见招拆招。

对于“跨文化通用表情”假说的怀疑停止了吗？其实并没有。Mastsumoto和Ekman也察觉到了一些文化间的不同之处：不同文化间的人在判断同一个表情时，感觉到的情绪强弱不尽相同。举个例子，对日本人来说感觉一般的“厌恶”表情在美国人眼里显得传递了很强的感觉。看来同样的情绪，不同的人能察觉到不一样的感觉，这是为什么呢？这还是由于不同文化环境对于表情传递情绪的影响：不同表情能传递一个情绪（这才是Ekman的观点），但是具体哪个最能代表此等情绪就要受到文化（其实也是背后的环境）的影响。因此，这个小问题其实包含在Ekman的假设中。

最近最有力辩驳Ekman假说的研究就是格拉斯哥大学的Rachel Jack（瑞秋·杰克）教授的一系列研究：她试图从认知（判断理解）表情的角度探索不同文化之间的差异，倘若我们解读表情的方法不一样，很可能我们需要不同的表情传递同样的意义。第一篇研究也是很有意思，她与同事记录西方人与东方人观察面孔的不同之处。他们利用的方法就是眼动仪，精确检测人在看别人照片时究竟看了哪些地方。虽然大家正确率都是挺高的（尤其是同一种文化下的人，回忆下异族效应），但是东方人和西方人眼睛运动的形态不一样：东方人更倾向于观察面孔的正中间，但是西方人的眼神更游离，注视点分布很散。这个发现提出了一个很关键的问题：会不会不同地方的人利用不同部分的面孔区块进行情绪判断（因为表情多层次，利用局部信息完全足够判断一些基本情绪，当然复杂情绪还是得依靠整体识别）？

在2012年Jack和上文提到过的Schyns一起合作一套新的研究方法发现了惊人的结果：在动态表情中，不同文化的人用不同的面部位置判断情绪。这一次Schyns教授没有用气泡脸，因为他认为静态图片并不是表达情绪的好途径（这会在下一章谈到）；他利用了一套与指导方法类似的研究手段。我们先回到Ekman教授身上，正如上文提到过的，Ekman教授有名之处不是跨文化研究而是对表情的编码。他与同事通过解剖学研究等手段把我们面孔上参与表情活动的肌肉进行编码。这些研究又叫FACS系统，由于深刻的生理学基础被所有人接受。Schyns教授的天才设想体现在：拍摄一段表情视频，然后让不同的人判断从而观察他们的脑部所反映的差异，不如我们由反向探索表情动作怎么动态结合在一起才能形成一个被人接收的表情呢？他们用3D技术结合FACS系统做出了一大批随机运动的表情短片，然后让不同的人去判断这些片子有无情绪。这样一个动态的系统不断收集数据，最后反向推出（比如）一段“开心”的表情究竟在一个人眼中是什么样的。在他们的研究中，他们比较了东方和西方的居民，结果就如同上面说的一样：不同。首先，西方人更加喜欢通过嘴部表达情绪，而东方人更加看重眼睛部分的动态（西方人更喜欢用：D而我们东方人更喜欢用^_^传递开心的情绪，你看出差异了吗）；其次，西方人对于六种基本情绪理解的共性很大，但是东方人之间有很大的个体（感觉）差异。总而言之，不同文化下的人在判断动态图片时的确用了不同的表现手法还有判断途径。倘若你回顾下Ekman的说法，同一种情绪可以由不同表情传递，他们发现的差异很有可能只不过是文化之间的小差异，并不是说明不同文化不能理解：可能西方人喜欢开心表情A，而东方人喜欢开心表情B；A和B两个表情有差异并不能说明东西方人想法水火不容，只能说明文化对于情绪表达的确有影响。这样看来，他们的研究的确反驳“人类共享一套传达情绪的表情”的观点（也就是Russel反击的观点），但是并不是Ekman的真实意图，只能说大家对Ekman误解比较多（也怪这个观点名字太容易误导人）。

不止于此，Rachel Jack与Schyns（如2014年一篇研究）又提出了对于Ekman的另一项挑战：基本情绪也不是六个，而应该是四个。Schyns教授的研究方法总是很有意思：倘若我们的基本情绪都有很强的进化和社会功能，那么动态基本情绪表情之间应该区分度很高，否则早就在进化洪流中被冲散了。他们利用与2012年研究类似的方法反推出六种基本情绪的表现形态，然后检测这些表情有没有相似之处。他们分析完结果后认为的确有些“基本情绪”很接近，因此他们合并六个基本情绪为四个区分度很大的基本情绪，分别是：“高兴”“悲伤”“害怕/兴奋”，以及“厌恶/愤怒”维度。其实Ekamn自己也提到过有些文化中“害怕/兴奋”区别不大。我很喜欢Jack和Schyns教授的研究，的确很多情绪之间差异不大，不能说是最为基本的情绪。但是依旧对于此结果保持适当怀疑：只有当神经科学的数据吻合这个划分之后才能接受这系列的观点，毕竟基本情绪应该有特别的神经活跃，否则这样的划分意义不大。但是无论如何，他们的这一系列实验挑战了“人类共享一套传达情绪的表情”的假说，也指出了不同地域、文化背景下的人利用不同的方法甚至不同的情绪表达表情。但你要是回顾下前面Ekman的观点，就能知道两者并不矛盾。

Ekman的研究就和达尔文的研究一样被静态图片限制：静态图片可能包含了所有的肌肉活动。就如同实验发现一样，就算东西方人用不同的方法判断，静态的图片也足以让大家殊途同归：对着一顿内容丰富的大餐，再挑剔的人都能吃好不是吗。Jack和Schyns教授的方法反向凸显了情绪与表情关系的差异性，但是不能否认哪怕东方人的“开心”和西方不同也只是倾向上的不同：他们寻找到的是最能代表“开心”的表情组合，并不说明别的“开心”表情就不能被理解。也就是说，Jack和Schyns教授的结果夸大了文化的差异。我很喜欢两位教授的观点（我和他们在研究生阶段有接触，很喜欢他们），也很欣赏、敬佩Ekman教授的观点：他们的观点看似不吻合，其实完全是一个问题的不同角度。我个人的观点（不见得准确）是，表情与传递情绪的关系是跨越文化的，但是具体用怎么样特别的表情能够在一个地方合理地传递一种情绪受到文化的影响；所以这些实验在这个观点内都是融洽的，也能为我们理解社会和社交提供帮助。

最近，我也看到不少中国科学家对于中国人在基本情绪方面的研究，似乎也颠覆了基本情绪假设。对于中国人而言，判断情绪积极还是消极毫无问题，但是消极情绪中的区分似乎噪声很大：一种消极表情到底是“愤怒”还是“厌恶”抑或是“难过”在我们一些人（并不是所有人）身上的确是个难事。我不得不承认这些研究做得很棒，也说明了中国人在分析情绪时的确与西方人有所不同（在大脑处理情绪的初期阶段有差异），不过积极还是消极全球没有差异。

人类使用基本表情的原因，就是表情背后都代表了一定的生理意义（比如“厌恶”），只要我们拥有一样的需求，就会用相类似的表情达到同样的目的，随后这些表情会被解读出一定的情绪内容；因而在一定的社会环境内，同样的表情哪怕有同样的源头也会有“本土化”，无可厚非。不过，哪怕文化之间有差异，随着全球化的进程，甚至随着更多好莱坞电影的影响，全世界人更加丰富地交流渐渐会磨平一些交流的差异，可能在不远的将来表情将会通用。至少我们出国旅行时，露出真诚的笑容传递积极的态度，这全世界的人都会喜欢。

识别一个人和一群人的表情

倘若你正为台下听众做演讲（报表、上课，甚至是规划行程），除了流畅地传达你的观点，还需要弄明白他们是否理解你的话语。了解他们有没有听明白你想表达的道理最简单的方法就是观察他们的表情：假如台下听众都露出会心的微笑，那么他们应该是理解了；假如台下的听众依然有不解甚至困惑的神色，你就应该把复杂的部分重新解释一遍。脑内对于一群人的面孔判断就和一张面孔情绪判断一般简单和轻松，所以我们是怎么做到判断一群人的情绪的呢？这个领域正是我在研究的领域，我们先看一看最符合直觉的一种解释：理解一群人的情绪即是通过一张一张面孔“穷举”判断。此方法乍一听挺有道理，我们的大脑使用这个方法吗？

倘若我们的大脑用的是穷举法，那么它就应该具有在极短时间内完整分析所见全部面孔的能力，否则穷举法不是大脑运用的手段。所以问题的关键就是大脑有没有能力在短时间内逐一分析接触到的信息。这里我们提到的短时间往往指一秒钟内分析数十张（约数）面孔，毕竟我们可以在一瞥之内搞清楚台下学生的大致情绪。

研究记忆以及研究视觉的专家在这个问题上最具有发言权，各个实验室内的学者在这两个领域的研究都指向一个共同的结论：大脑对于绝大多数视觉信息做不到又快又准，更不要说异常快了。我们先看短时记忆的限制，处理信息都需要短时记忆（工作记忆）这一类似于内存条的部分。按照Cowan教授的观点，我们短期记忆的模块是4，也就是我们能最快同时处理4组信息。倘若待处理信息的量大于短期记忆容量，我们自然而然会忘记一些东西，这就会导致感觉的偏差。我们再看处理系统的限制。有科学家发现大脑可以在极短时间内判断一组图片中的一两张图片的含义。不过在我们讨论的穷举法情况下，每张面孔都应该被充分分析。事实上对于面孔，脑神经产生一定反应（大约一秒看80张面孔的情况下）不是问题，但是活跃程度会随着速度衰减，高速条件下实际判断的准确性并不能满足准确判断每张面孔。在处理的角度上，大脑判断面孔这样复杂的图片存在反应极限，大约一秒钟也就能准确分析四五张面孔的信息：处理面孔的颞叶皮层会随着处理量的增加而更加活跃，但是一旦超过极限，它们就没办法更加活跃；就好比在正常情况下，吃得越多长得越胖，但如果吃的食物超过了消化极限，有可能非但不会长胖，还会拉肚子。综上所述，假如使用穷举法，台下哪怕只有四个人都需要你一整秒时间才能将其分析完，不过我们演讲的时候台下可能至少有十个人，甚至对高校教师而言一百人都是稀松平常。事实上，我们仅需一瞥便能搞清楚台下所有人的表情情绪，我们并不需要过多投入或者特别的记忆方法：我们可以边讲边观察台下人的情绪，这一切自动流畅，似乎完全不受大脑限制干扰。因此我们其实以其他的方法处理了超过大脑限制的信息，也就是说我们并不是用穷举法这样简单的方式分析一大组面孔的情绪，我们的大脑到底用了什么样的“技巧”呢?

让我们把思绪先从面孔研究上稍稍移开，来想象一下生活中常见的一幅画面：森林中的一条石子路。喜欢爬山、旅游，甚至摄影的读者肯定看到不少次茂密森林中的石子路，甚至现在能够感觉到清新空气。但是，如果让你描述这一片场景的时候，你能具体道出有多少棵树，地上有多少粒石子吗？或者你在一片花海之前，你能说出这一片紫罗兰到底有多少朵花，抑或你看到一匹可爱的斑马，你能告诉我们这匹斑马到底有多少条纹吗？在世界上，对于我们而言有着许许多多冗杂的信息，这些信息在进行整体判断时并不重要。比如看到树林我们会反应出“树林”的概念，而不是细细数一数多少棵树再和“官方定义”比较一下。所以说，千变万化的信息远超我们的大脑极限，但是我们从来不用穷举就能搞清楚面前的情况，这说明我们的大脑可以用一种化繁为简的手段提取关键的信息。

我们大脑很擅长在生活中抓重点，用重点来了解周围的大多数冗杂的信息。这种整体判断方法在心理学领域被称为统计性平均（statistical average），也叫统计性处理：我们的大脑可以把生活中所见的事物进行一次平均，把重复的东西抽象总结在一起，从而抓住要点。就好比看到树林，你就感觉到是一堆树，而不是“左边一棵树，右边还有一棵树”。将相同的东西总结在一起可以极大程度地解放我们的大脑。事实上，电脑软件对于图片、文档，甚至电影的压缩也是同样的原理：原始图片文件包含所有信息，但是体积庞大，电脑跑起来慢；压缩后的jpg文件也能传递几乎一样的信息，但是体积小巧，把冗杂的信息“折叠”在一起。科学家把我们脑海中的这个过程命名为Ensemble processing，大致翻译就是全效加工过程（与统计性平均名字都可以互相替代）：这个过程描述我们大脑对于看到的物体自动化进行总结和统计性平均，从而把信息按照最合理的方式分配，让我们可以更好更快地处理大量冗杂的信息。这一个过程和数学统计十分相近，又被称为统计平均、统计识别。全效加工过程既发生在识别线条与方向上，也能发生在颜色和大小上，更能发生在面孔之上。只要轻松一瞥，我们就可以“抽”出一群人的大致身份（这个旅行团是韩国来的还是巴西来的），一群人面孔朝向（他们在看右边还是左边的塑像），还有大致的情绪（他们观看的电影片段是浪漫喜剧还是恐怖惊悚片）。

早期在全效分析上的研究主要基于低级别的刺激，比如线条和颜色。说到研究面孔就要提到Whitney（惠特尼）和Haberman（哈伯曼）两位视觉研究的专家。在2007年，他们发现无论是呈现4张面孔还是16张面孔（显示时间不足一秒，远超大脑穷举的极限），实验参与者都可以轻松且准确地判断出这一组面孔到底有什么情绪，看起来是男的多还是女的多。为了排除穷举法的可能性，他们还特意让参与者判断两张图片哪一张曾在图片组中出现。尽管对于整体特点的判断都很准确，参与者却被分辨图片有没有出现过难住。这说明，我们在进行整体判断的时候应该是采取全效加工过程，把所有内容进行了压缩和平均，所以在我们脑中这些面孔自然而然被压缩成了一张零碎的画面，而不是一个一个处理，因为你根本记不住每一张看到的图片，肯定无从分析。我们对于面孔的平均既可以出现在一群同时呈现的面孔上（空间排布），也可以出现在一群按照时间顺序先后出现的面孔上（时间排布），更说明这种评价深藏于我们的处理系统内，是大脑“自带”的处理方法。当然，全效分析也有代价：因为抽取了整体的信息，所以单张图片的信息被“牺牲”。全效分析过程把一组图片“降维处理”：从一组面孔变成了单个的，但是反馈所有面孔情绪的抽象信息。减轻负担的一个原因就是大脑可能只分析抽象的中心信息，而不用穷究每一张图片的信息。

科学家当然不满足于发现，更想搞清楚这样的全效判断和判断一张面孔有何区别：对比一组图片与直接平均之后的图片需不需要不同的分析手段和神经系统。我们对于一组图片平均情绪的感受，就和电脑直接制作的平均图片一般；所以说我们识别一组图片肯定是利用平均手段。而且我们处理一组图片和一张图片的判断方法有着相关性，说明完全有可能我们利用同一套大脑“设备”分析一群人的面孔与一个人的面孔；换句话说，这样的全效识别并不需要特殊硬件，而是本身硬件自带的另一套“软件”。最近，我在自己的试验中发现一组图片与单张平均图片都可以激发起相同的神经活跃，因此大脑“看待”一组图片与它们的平均图片是相同的：处理一组面孔的表情，归功于大脑内的统计加工。

大脑利用统计方法全效加工一组面孔时，对每一张面孔并不是简单的“一视同仁”。任何群体中都会有些不一样的人，倘若一个人在你演讲时打瞌睡所以面无表情，一旦你把他的表情也放入了平均会不会干扰到分析呢？这样的“数据”在统计中被称为异常值，应该被滤去，那我们的大脑在“统计”中会怎么看待“睡着的人”呢？不用担心，我们的大脑就和高端的统计软件一样自带了对于数据的修正功能：我们可以自动对异常值“另眼看待”。既然出现异常，就说明不能够反映真实情况，所以应该被滤去。Haberman与Whitney用巧妙的实验设计发现我们对于群体的判断不符合不滤去的模型，更符合滤去异常值的模型。换句话说，滤去异常值也是我们大脑全效加工的“自带工具”。

当我们瞥到一群人的时候，我们的大脑并没有被汹涌的信息冲垮，相反我们的大脑反倒“占大数据的便宜”。学过统计的朋友就知道，倘若样本（也就是我们观察到的群体）越大，它们就拥有越大可能性反映真实情况。回到一开始说的例子上，一个人对你演讲的反馈肯定会受到他自身情况的干扰：对你材料的熟悉程度、心情、个性，甚至有没有认真听。所以一个人的反馈并不具有充分的参考价值。但是听众越多，听众身上的干扰就越可能被平均抹去，因此如果能够掌握一群人的评价（比如情绪），就能更准确地反推出演讲需不需要改进。群众的眼睛是雪亮的，而我们的大脑也一样雪亮，可以自动地、无须安排地搞清楚群众们的情绪。全效分析是大脑超越自身极限的一个巧妙设计：不但减轻负担，还让我们的判断更加准确。

只需一瞥，你就能大致清楚面前人群面孔上的情绪，这一切都得归功于大脑的巧妙设计。所以在演讲时，一定要利用好这一自带程序。

为什么母亲见到孩子就会唠叨？

难得长假你回了久违的家，没想到迎接你的不只是期待中的一桌饭菜，还有母亲的忧心忡忡。没准儿你妈拿着报纸，或者指着手机上微信朋友圈对你说："你看，新闻又报道夜跑出事了吧！"然后好言相劝（其实就是吵架）：晚上不要一个人出去，你也要赶快结婚，为什么不搬回家住，也别在外地工作了，回家乡吧。接着你越听越生气，干脆直接吵起来，这一天过得简直了！这样的事情是不是在你身上发生过，你有没有想过原因呢？其实和认知面孔也有关系。

为什么妈妈们在打电话时没有如此紧张呢？为什么她们就只对你这么唠叨呢？她们为什么对之前口中隔壁老王的孩子不关心？或者隔壁老王为什么不会关心你？这一切只是因为妈妈们在更年期心情不好吗？其实不，原因是母亲们对我们的爱导致在看到我们面孔的时候大脑的活跃不同寻常。科学家发现当妈妈们看到孩子的面孔，自然而然会唤起不一样的心境：因为她们能理解我们，也熟悉我们，更担心我们，所以对我们就是不一样。

母亲看到自己孩子的面孔不光会有面孔身份处理系统的活跃，还有关于情绪处理系统的活跃。看到我们时肯定会快速判断出我们的身份，找回与身份相关的记忆。你的面孔上不一定挂有情绪，为什么母亲脑中的情绪处理系统会兴奋呢？因为我们的记忆中不光存在这个人的面孔，还连接了对他的记忆。只要我们能够识别出这个人是谁，我们就能回忆起记忆中这个人的印象，甚至是做什么事情。就好比很多影星虽然我们可能记不住他们的真实身份，但是我们看到他们就能想起他们在剧中的样子：比如看到影星伊恩·麦克莱恩，你会瞬间回忆起他在《指环王》中扮演的巫师甘道夫的模样，“甘道夫！”这句话就脱口而出了；当你看到影星本尼迪克特·康伯巴奇时，你可能脑中就奔腾着他饰演的侦探福尔摩斯的形象，你的脑中就会回忆起他毒舌但是睿智的特点，还有与剧中的华生说不清道不明的友情。我们脑中对于别人的印象几乎是在第一次见面时就形成了，在随后的交往中对于他的印象逐渐稳固。社会心理学家阿希就对第一印象的形成做出了一个精彩的解释：“印象形成得令人惊讶地快，也惊人地轻松。”对于印象的回溯同判断身份和表情情绪一样迅速：当我们只是看到对方，还未有意在脑海中搜刮对于他的记忆时，大脑对于他特质的回忆已然自动进行。

在我们看到自己熟悉的人的面孔时，大脑中处理情绪以及判断他人心理状态的区域会自动行动起来：颞上沟与前外扣带回皮层对于熟悉的人有更深刻的反应，而杏仁核会随着熟悉程度的提高而减弱。因为我们对于一个人越熟悉，越了解他更多的特质，也越能描述他的心境和可能的行为，所以不自觉中我们主观理解他人心理状态（theory of mind）的区域就被记忆激起提前活跃。我们对于熟悉的朋友的印象在认识的多年中被慢慢叠加，但是初见的人也能够激发我们心中这些区域的活跃：哪怕只是看到面孔和一行描述行为的语句也足够激发大脑中相对应的活跃。Todorov（托多洛夫）给一群志愿者看了120张面孔，每张面孔展示五秒钟，底下都配上一行描述此人做过什么的语句：比如厌恶的例子“他高声清了清嗓子，然后在路边吐了口痰”；比如愤怒的例子“她把椅子丢向同学”；也有较积极的例子“她带了蛋糕给孤儿吃”。比如看了令人厌恶的事例之后，志愿者们心中就能大体对于这张面孔抱厌恶的态度。一切行为都有大脑活跃的背影，哪怕短短几秒的接触下，志愿者们的大脑相对应的脑区在再次看到这些图片时都做出了回应：当然如果能清楚回忆起图片所对应的故事，大脑中颞上沟（情绪判断处理）与前外扣带回皮层（涉及思考和理解他人行为，也涉及对自己对应行为的规划）激活更明显；哪怕回想不起具体这个人做了什么，脑区的活跃依然比观察没有见过的图片（不包含任何记忆或者情绪的面孔）更高。他们在总结结果时也发现了一点我们需要注意的事情：负性事件与颞上沟的激活高于积极事件，所以形成积极的第一印象挺重要的。总而言之，第一印象尚且能够激活大脑中如此多与心境和情绪处理相关的区域，将你从小带大的母亲有更多的回忆，她脑中的颞上沟与前外扣带回皮层更应该对于你的面孔有不一样的活跃：毕竟在我们母亲的眼中，我们永远是孩子。我们一点一滴的行为，每一次开心与落泪都在她们眼中。再加上对于负性情绪的记忆（比如你的脾气不好，担心你顶撞上司，和恋人耍性子什么的），脑中对于这种担忧更加明显，所以反映脑中反应更大，行为也会被大脑的反应影响：母亲和你因为例子中的琐事吵起来就或多或少由于脑中对于理解你心境状态的区域活跃不同。

在母亲心中，我们的重要性远远超过朋友在我们心中的重要性，虽然都是熟得不能再熟的人，杏仁核能够道出母亲对我们的爱。杏仁核的功能：（1）警觉；（2）负性情绪判断；（3）与负性记忆相关的回忆。对于熟悉的人我们心中的警觉中心杏仁核活跃会低一些，因为我们知道熟悉的朋友不会伤害我们，所以可以交心；但是对于母亲们，她们心中时时刻刻都念想着你的安全，看到你的面孔反而会激起杏仁核更大的活跃。会不会是因为母亲们都喜欢孩子所以杏仁核活跃不同呢？科学家们比较了母亲观察自己的孩子，熟悉的但不是自己的孩子（比如电视剧、电影中的著名童星，真人秀中家喻户晓的名人儿女，甚至朋友的孩子），以及陌生人面孔三种情况下的大脑活跃。自然对于陌生人母亲们的杏仁核活跃高于熟悉的孩子，毕竟熟悉可以带来安心；但是看到自己的孩子时杏仁核的活跃显著高于熟悉的孩子。因此，她们一看到你的面孔心中就不自觉担忧起来，要是再回忆起来看到的新闻上的坏消息，过度担心你会有三长两短也是情有可原的。现在能更理解她了吗？

母亲对我们的关爱不止于此，涉及“厌恶”这种负性情绪处理的脑岛如同杏仁核一般对于自己的孩子活跃起来，当然不是因为母亲厌恶你所以脑岛活跃，脑岛会对深爱的人活跃，尤其是对方痛苦的时候：脑岛会涉及对于他人的共情活动，因为爱，所以能够体察你身上的痛苦。很多时候虽然我们没有能够觉察到自己心中的情绪波动，但是身体与行为能如实地告诉我们：患面孔失认症的人认不出对方是不是自己的亲友，但是他们的皮肤电（出汗）对于不同的人不一样。深爱你的母亲由于对你的爱，行为随着大脑的运转一样不同于一般情况。

你现在能理解母亲为什么会那么担心你了吗？都是因为对你的爱。母亲观察我们的时候，这么多脑区都“加班”，其本质是为了更加警觉、保护我们、照顾我们，但副作用就是唠叨和胡思乱想；加上我们关系的亲密，情绪的传递没准儿更难以控制（我们中国人心中，母亲和自我联系紧密，的确会出现母亲也控制不好与我们交往的边界，大家多理解），这不就如同例子里一样上火了吗。她们心急其实是因为母亲这一项“工作”所致，这一切不就是爱吗。在脑岛、杏仁核、颞上沟和前外扣带回皮层的“夹击”下，母亲或多或少会对你的面孔表达不同于她对于别人的情感。她们大多能理解我们的生活，也知道我们不喜欢听唠叨，但是由于她们的母爱，大脑活跃不同，因此她们传递出的着急和担心很多情况下是由于真诚地担心我们。对于唠叨大家多默默承担一些，不妨现在就拿起手机给家里打电话，报报平安，这样她也能过得更开心一些：她们都想见你，都想听你的声音，只不过因为母爱，她们表现得更加焦虑。

Chapter

这是一个什么样的人

仅通过面孔判断对方是什么样的人难免鲁莽，甚至很不准确，不过这并不妨碍我们通过社会特征判断、探索和理解我们的大脑。

先请你仔细思考一下，我们身边是不是到处都是美丽的面孔？无论是户外广告、杂志，还是电视节目中都充斥着各种不分性别的吸引人的面孔：从“网红”到“小鲜肉”，且不提谁更好看，他们都比我们身边绝大多数人要好看很多。不只是广告，我很多女性朋友倘若没有打扮漂亮都不好意思逛街；也有男性朋友希望逛街的时候能怀抱一位美丽的异性，这样“有面子”。看来面孔的吸引力对我们来说判断简单快速，也吸引我们的眼球。无怪乎我们身处一个“看脸的世界”：恋爱、结婚，甚至相亲都要找好看的对象，在工作场所似乎也对长相出众的人有偏袒，甚至好看的人更容易受到大家原谅。吸引人的面孔不只是赏心悦目，似乎包含了许多其他的特点。对！因为吸引力本身就是优秀特征的集合。

有人会说：“我不以貌取人，所以一个人好看与否与我何干？”相信有些读者也会这么想，会觉得判断他人好不好看很粗俗，是带有偏见的。但是Langlois（朗格卢瓦）教授和她的同事用实验告诉我们，未经世事的小朋友也能对不同美丽程度的面孔区别对待：对于美丽的倾向至少有一大块是我们与生俱来的，是随着我们祖先在进化过程中产生的。

诚然，仅通过面孔来判断他人稍显不妥，但是解读和欣赏美丽的面孔没有错，甚至想要压抑都压抑不住。科学家发现看到美丽的面孔可以激活大脑额叶皮层的内眼窝前额皮层，一个与奖励相关的脑区，也就是说面孔的美丽可以让人感受到奖励一般的快感。Kampe（康培）和同事们通过核磁共振发现相似的结果：当我们能够与好看的人建立眼神接触的时候，我们的奖励中枢（腹侧纹状体，ventral striatum）会更兴奋（简单点说，快感更大），无法与好看的人建立眼神接触的时候就会相对失落；当对方是不好看的人的时候结果完全相反，能避开和难看的人对视会更开心点，倘若和难看的人直视就不甚开心。不光是大脑活跃程度的变化，我们在实际行动中也倾向于观赏好看的面孔（很大程度上就是奖励中心的影响）。当一群男性坐在电脑前面观看一组面孔照片的时候，他们愿意不停地按键只为多看美丽的女性面孔几眼：倘若他们不按键，面孔会一闪而过，倘若他们想“挽留”照片，就得不停地按键盘。令这群男性为之疯狂按键的面孔并不是某张随机的面孔，而是那些本身就好看的面孔。简而言之，喜欢看美丽的面孔是我们“自带的能力”，没准儿正是这些能力给予我们“看脸”的可能，也让我们可以更加成功地繁衍后代。

面孔上充斥了各种信息，比如前面章节提到的身份信息以及情绪、兴趣这样的信息，但这不是面孔能传递的全部。美丽也是面孔所传递的一种重要信息：在看面孔100毫秒（0.1秒）左右，我们便能判断出对方美丽与否。“天下武功，唯快不破”，装备有扫一眼就能判断出好看与否的能力的我们，真的看重面孔所传递的美丽。这样对于某些吸引力强的面孔特征喜好不只在我们人类身上，也充斥于动物界，比如雌孔雀喜好尾巴美丽的雄孔雀；我们的吸引力可以被全身上下各个地方传递，不过面孔由于其特殊性，是一个传递吸引力的好平台。所以我们还是谈一谈面孔传递的吸引力。

相信每位读者希望能拥有一位吸引人的伴侣度过余生。从进化心理学角度来看，面孔的美丽与生活息息相关：我们希望与美丽的异性繁衍后代。因为吸引人的面孔能传递出一个人吸引人的特征，这些特征有利于我们的生活与繁衍，因此在自然选择中我们拥有判断和喜好那些吸引人面孔的能力。换句话说，先有了吸引人的特征，而这些特征可以在面孔上被传递出来（当然不只是面孔，不过我们只谈面孔），我们再把这些特征打上“吸引人”的标签。从一个简化的进化模型我们可以管中窥豹：倘若一个族群中有一些个体存在一种优质特征，那么能察觉到这种特征的个体会与拥有这种特征的个体更多繁衍，自然而然它们的后代生存概率更高；在很久之后，随着一代又一代的“累积”，这个族群的物种就会（或主动或被动）“习得”判断这种优质特征的能力，也会觉得这个特征吸引人。Rhodes教授也发现长相出众的人也在繁殖上占有先机（在现代社会，这种先机不见得有多好，但是从生理学角度来看还是占有优势）：在西方社会更加美丽的男女都有能力更早发生性行为；英俊的男性会有更多的短期性伴侣甚至外遇机会，更加貌美的女性拥有更多机会获得长期的伴侣（单纯从生理角度来看，男女这样的结果都最有利于繁衍后代：男性更依赖于数量，女性更依赖于质量）。我们的面孔能传递吸引力或者说美丽也大致如此：从某种程度上说，我们现在的“看脸”行为建立在我们祖先的经验教训上。

面孔的吸引力究竟是什么？令我们为之“疯狂”的美丽面孔到底包含了什么内容呢？是什么面部特征能让面孔如此吸引人？我们对于吸引人的面孔到底有什么判断差异呢？我会在这一章的前半段为你介绍。

我们只能从面孔上判断出吸引力吗？肯定不止如此。

京剧舞台上，不同的扮相往往和人物的性格、身份特点有关。是奸诈小人还是忠义之士，从面孔就能看出来。在我们生活中亦是如此，倘若家里需要找保姆或者月嫂，大家还是会“看脸”再做决定：先不说谈吐如何，至少对方看起来得像好人，看起来得靠谱而且温和。有时候，我们看到一位陌生人会感觉到一见如故，看起来对方特别靠谱；也有时候我们会觉得其他人油头滑脑、一脸奸诈的模样，实在难以交往。这就是所谓的可信赖程度，它深深参与在社交和合作过程中：倘若你不能判断其他人靠不靠谱，那你贸然与之合作的下场可能非常糟糕。

一个人能不能被人信赖就是一种面孔所传递出的社会特征，一个人看起来是不是有威信也是一种社会特征。从直觉角度而言，我们判断一个人的社会特征时常采用他在社会中的行为表现做参考，但是面孔也足够显露这些特征，不然我们怎么能通过阅读面孔来感觉到对方是怎么样的人呢？在前面几章我们一起了解了关于识别身份、情绪以及美貌的心理学和神经科学研究，在这一章我们谈一谈社会特征：就像判断情绪那样，我们也只要轻轻一瞥便可以判断出社会特征。

对于社会特征的判断如此快速，也在一定程度上影响了我们对于他人的判断：我们很多行为会受感觉到的社会特征影响。最经典的例子就是研究发现哪怕我们不认识一些国外政客，但是单就面孔来看我们就能几乎准确地预计他们的竞选结果，甚至身高、体态都可以，更不要说面孔。仅通过面孔判断对方是什么样的人难免鲁莽，甚至很不准确（不要只以貌取人啊），不过这并不妨碍我们通过社会特征判断、探索和理解我们的大脑。来，让我们接着看脸吧。

面孔的美丽可以被研究吗？

面孔的吸引力和美丽这两个概念几乎可以互换使用，虽然有细小的差异但是为了理解，我在本章中混用，简单说来两个概念都是形容一张面孔多么受欢迎的衡量标准。在我们探讨什么样的面孔是美丽的之前，我们得先思考下，面孔的美丽能够被研究吗？

有人认为美是神圣的东西，是基于内心的抽象概念，不该也没法被研究。这种观点就好比中世纪对于解剖的理解，不过我们也知道解剖对我们利大于弊。也有人认为美不能被研究，是因为美太过主观。其实也不然，这种观点过度强调了美的主观性，而忽略了共识。当然每个人有着不一样的看法，没有对错，哪怕你对于美的看法与大多数人完全不同也不是问题：美是主观的，但是并不妨碍其中有内隐的联系；换句话说，科学家既想找到共识，也想搞清楚主观差异存在的原因。总之，美并非高不可攀或者说难以捉摸，只要有合理的方法完全可以研究。

David Perrett教授曾经在书中总结过对于面孔吸引力的研究指导思想，我觉得唯有转述才能清楚地传达他的想法：

我在面孔吸引力方面的研究严格基于生理学取向。从这个角度来看，对于美丽的判断很大程度上反映了一种目的：并非主观的目的，而更是一种生理学上的功能，好比说能够体会到食物的美味可以帮助我们更好地获得能量以便生活。从生理学角度来看，生存的目的可以被繁殖生育所定义，即繁殖一代又一代的后代。并非所有的吸引力都与生育直接相关，但是很多都相关。

在科学家的眼中，美和我们的繁殖有直接关系：美往往是我们所喜欢的特征的集合。从生理角度看，美的目的就是更吸引人，以至于让基因更好地传递下去。用生理学、心理学、神经科学的角度理解美并不会损害美本身的光泽，就像古希腊人眼中运动也是神圣之物，但是运动科学并没有让它蒙受责难，反而让我们全人类都能享受到运动的快乐，健康的体验；所以对于美的研究不会让美暗淡，反而应该令我们所有人都能更好地体会美、理解美、达到美。

吸引力有衡量标准吗?

我们对于吸引力的判断统一吗？这也是面孔吸引力研究的一个基本问题。

俗话说，“情人眼里出西施”，也有说“燕瘦环肥”，似乎美丽并不具有统一的标准。不过我们对于吸引力的判断也不会是完全随机的，不然哪有什么举世闻名的美的象征。举一个简单的例子，我相信绝大多数人都会觉得罗浮宫珍藏的蒙娜丽莎画像与维纳斯雕塑都传递出美。美有很多种，比如性吸引力，也有无性的讨人喜欢程度（likeablity）等等，但是它们之间相似程度很大，所以我就大胆地混用，遇到实际情况再分开说。

我们大多数人，无论性别与文化，对于吸引人有着相类似的观点。尽管大多数科研结论都指向判断面孔吸引力有一个共同的倾向，我们也知道面孔吸引力的判断挺复杂的：有些人的观点和正常人差异很大。熟悉异域文化的朋友都知道，地球上存在一些有意思的部落，部落中的成员对于美和我们大多数人观点不同：在泰国的长脖族眼中有长脖子的人才是美丽的。诚然，相似的观点不等于相

《维纳斯的诞生》中，波提切利运用多组黄金分割描绘了爱与美的女神维纳斯从爱琴海中的诞生。整张油画美丽迷人，是艺术和数学的完美结合。不过在面孔的美丽上，简单的黄金分割不足以解释所有问题。艺术作品对于生活的抽象能指引一些研究方向，但是事实和艺术相差甚远，美丽的秘诀可不只是一个比例

同。比如说我们大多数人都会觉得陈道明和吴秀波这两位男演员都英俊且吸引人，不过，具体而言大家觉得谁更好看就不一定吻合。否则，倘若大家对于美的理解完全一致，哪儿需要那么多偶像明星和歌手。面孔上什么导致了“美”的感受是一个非常复杂的问题，问题就在于因素繁杂，以及差异和共性并存。吸引力的共性以及吸引力的差异正是这一章所要传递的内容。

每个人与每个人之间，男性与女性之间，年长者和年幼者之间，甚至不同城市不同国家，不同历史时刻之间的人们在美的面孔上自然有自己独到的判断，可是倘若我们从更宏观的角度就能察觉相异之间的共同性。共性是什么以及为什么大家会有不同的判断正

是研究面孔吸引力的科学家试图理解的两个问题。我们先从共性开始，然后穿插介绍下差异。

还好大多数人对于吸引力有较为统一的共识，研究面孔吸引力的科学家一个世纪以来的研究没有白费。我们很清楚每个人都能判断其他人好不好看，但是量化的指标比较难找，比如你喜欢什么样的面孔呢？你没准儿会说有一双大眼睛，但是眼睛多大这个指标就说不清楚了，更遑论我们的判断随着时间场合变化很多：在安吉丽娜·朱莉和女友之间，大多数人都会觉得安吉丽娜·朱莉更美丽；但是如果说你想和谁组建家庭共度余生，我相信更多人会选择身边的女友（我肯定选女友）。暂且不提差异性，既然我们对于什么样的面孔美丽有一定共识，科学家们就探索了共识的基础是什么，共识能不能被量化：是传情达意的眼睛？还是黄金分割的比例？或者是别的什么？

抛开特别文化，我们大多数人在识别面孔的时候依赖于整体识别，所以眼睛这样的局部信息虽然会影响吸引力的判断，但是相比整张面孔还差一点：比如《烟雨蒙蒙》中的人物陆将军喜欢寻找有“萍儿”眼睛的女性，但是实际他找到的每位姨太太都是整张面孔拥有一定的吸引力。

古代的画家、雕塑家迷恋着黄金分割这一标准：雕塑中的众神拥有黄金分割的比例，波提切利所绘的《维纳斯的诞生》更是黄金分割登峰造极的产物，它们都能给予观众美的享受。会不会是黄金分割决定了美丽呢？要是这么简单也就好了，先不提面孔上的组成模块太多（黄金分割会特别复杂，还说明不了问题），目前来看没有任何期刊上能找到有关黄金分割与面孔美丽的文章。比如说我的鼻孔和鼻子宽度哪怕呈现黄金分割比例也不会让我更加英俊。虽然在女性身材吸引力角度，有一种叫作腰臀比（waist hip ratio）的衡量标准，不过这样“简单粗暴”的衡量标准也不能完全解释身材，更不要说面孔结构复杂，简单的比例并不是科学家想要找寻的答案。

简单的数学比例操纵不能输出美丽的面孔，不妨让我们回想下面孔的美丽到底可以做什么。异性之间的美丽和繁衍后代息息相关，所以美丽应该在进化心理学角度与生物学角度有一定优势。就如同我们上文提到的，一个能反映优秀基因的特征往往会被欣赏（会演变成喜欢和美），也就是说我们决定美丽的特征应该与繁殖后代有关系。那么对于后代直接的好处（优秀的基因，良好的免疫系统/环境适应能力，健康），以及对于后代间接的好处（足够的养育）没准儿就是面孔美丽的答案之一。

尽管黄金分割比例这一个数学的尝试没办法涵盖美丽这样一个大问题，但是数学能解释一部分。相当多在面孔美丽方面的研究都从生物学角度指出了三个关于面孔美丽因素的“候选人”：对称性、平均性，以及两性异型（sexual dimorphism）。这三个因素能构成面孔美丽，还能反映进化角度的选择，更与健康息息相关。抑或说，对称性、平均性，以及两性异型正是科学家发现的面孔美丽的一组较为精确的衡量标准：在这三个方面“得高分”的个体往往有良好的免疫系统，能够抵抗寄生虫和病菌；这样的好基因肯定会在“求偶市场”上“排名高”，自然而然这一生物学优势会转化为主观的美丽感受。让我们先从对称性开始，对称性为什么美呢？

对称与面孔的美丽

在我们生活中无处不存在对称的事物，对称程度就是一个事物左右半边相同的程度。虽然说我们的面孔已然高度对称，但是以很严格的尺度来看还是在细节上有着不对称之处的。不少科学家都发现面孔的对称程度会和美丽挂钩，而且身体的对称也是美丽的。甚至所有对称的事物都会有数学上的美感，比如相当对称的埃菲尔铁塔和凯旋门都是经典的、美丽的建筑。但是人类身上的对称美可不只是数学角度的美感而已，还包含了生存的意义。

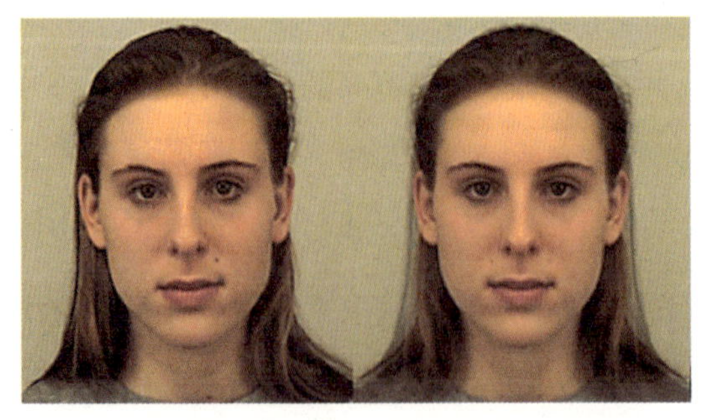

左边是稍显不对称的原图，右边是电脑处理后的更加对称的面孔。对比之后，你就能感觉到差异了吧，是不是右边的更好看呢？是不是左边的原图看起来怪怪的呢

科学家就对此做了些有趣的实验。无论图片中的肖像是男是女，无论参与实验的志愿者是男是女，他们都更加喜欢对称处理后的面孔，而不是略显不对称的原图，他们也对对称化后的面孔评分更高。对于对称性的喜好不只是在西方文化中出现，日本和中国的被试也同样喜欢对称面孔。倘若一张面孔更加平均，我们就不由自主地认为这张面孔更加好看，更吸引人。也难怪，我们要是去看明星们的定妆照，都会觉得他们的面孔更加对称，哪怕不对称也要通过化妆弥补过来。

我们觉得面孔很美，会不会只是数学上的美感呢？当然不止于此，对称的面孔不光是数学上的美感，还能反映更深层次与健康相关的因素：一张对称程度高的面孔往往属于基因优秀而且发育稳定的人。通过面孔对称性所传达的健康因素可以直接和间接地提高后代的适应能力，从进化和生理学角度而言，选择有对称性的面孔是极为有利的。在一些科学家的观点中，人的对称程度可是反映了发育的稳定性。对于这一点我们不妨换一下思路来理解，人的发育就好比植物一样，如果不是因为发育过程中的问题，植物都是笔直而对称的，倘若由于病虫害或者疾病影响，植物就会出现左右不对称性，面孔也是如此，倘若完全按照基因表达应该是很对称的，而在生活中我们的发育过程中难免遭到寄生虫的影响甚至疾病的影响，这些因素对于身体的影响不会是对称的，因此身体也会随着影响产生细微变化：比如说我的牙齿不好，长期有半边牙饱受蛀牙影响，久而久之由于只能用半边牙齿咀嚼，肌肉会改变面孔的对称形态。不光是面孔，身体上的对称也与健康息息相关。比如说女性的乳房对称性会和生育能力相关。面孔和躯干一样，对称性都和基因以及发育稳定性有关，是同一个因素作用下的不同表现。总结一下，那就是对称性是反映健康的一个好指标。

既然对称的人基因好还发育好，他们应该在“繁衍市场”上占有优势地位：首先他们的后代生存能力更强，也就能够更好地传播基因；反过来倘若个体想要拥有更多的后代，也会和上述适应力更强的人联姻；久而久之，这样的特质会“抢手”。事实的确如此，面孔对称的人不光是有着更好的发育稳定性，更加被人喜欢，他们也能直接拥有更多繁衍后代的机会：更加对称的人也会有更多性伴侣（相关关系）。更加对称的男性在繁衍过程中因为基因有着直接收益：他们能在性行为过程中射出更多的精子，提高受孕成功率。这么一想，更加对称的人真是人生赢家啊！至少他们能在繁衍过程中有直接的收益。

话说回来，哪怕对称和健康有一定关系，倘若我们察觉不出来也是没有进化价值：一个传感器传出的数据若不能被接收，那么此传感器意义不大。Jones教授与同事就做了一个有趣的实验探索了这个问题，之前的实验都是让被试直接判断面孔吸引人与否，他们多留了一个心眼，顺带测量了被试对于面孔健康程度的打分。很显然一张面孔越不对称，大家对它的吸引力和感受到的健康程度越不高。同时，面孔吸引力和感受到的健康程度有关，也就是说在大家看来（控制了对称程度变量后）一张面孔越健康就越吸引人。他们还发现，当一张面孔通过电脑处理技术被对称化之后，无论男女都会觉得它看起来更健康。我们可以通过对称程度察觉到一张面孔健康与否，而这两者能极大程度地影响我们对于一张面孔是否吸引人的判断。

对称性是面孔吸引力的一个重要组成部分，但是一味对称也不就等于美丽：一张黄瓜一样的长脸哪怕对称也不及稍显不对称但是形状正常的面孔。所以把面孔美丽完全归因于对称性难免以偏概全。相对于对称性，平均性决定面孔美丽程度更重要一些。

平均的面孔更美丽?

第一个细细研究平均面孔的人是英国科学家高尔顿。大家知道他往往是因为他提出的优生学概念。他还在统计上颇有造诣，统计学家皮尔逊就是他的学生。在高尔顿研究犯罪分子的时候，他想到会不会犯罪分子的面孔上有点犯罪特征呢（当然这个理论不成立，不过很有现代科学家研究面孔社会特征的感觉）。精通统计的他想到了把这些面孔平均起来：倘若犯罪分子的面孔有犯罪特征，那么在多个犯罪分子的透明肖像画（底片）叠加之后，犯罪特征会被保留，而无关变量会相互消解；按照统计观点，无关变量的影响会随着样本容量增加而消减，所以倘若有犯罪特征肯

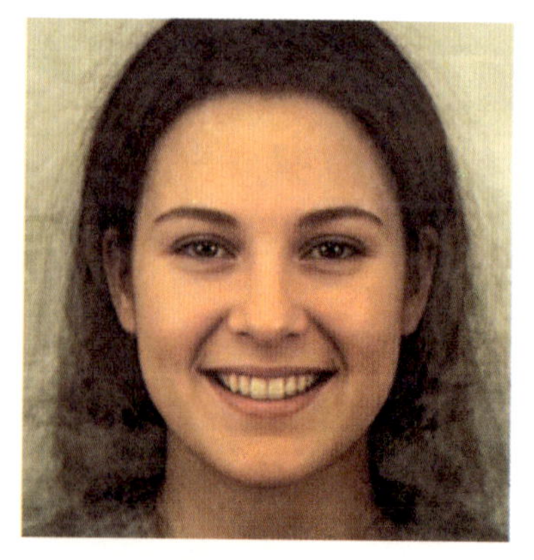

这一张图片由35张欧洲女性的肖像画平均而来。尽管没有达到沉鱼落雁的程度，但是看起来比较好看，比较吸引人。因为平均能够彰显很多优秀的特质，也符合不少基本的“美丽标准”，所以平均/典型化的面孔吸引人

定会在多张叠加之下显露。出乎他的意料，叠加的面孔看起来并非恶贯满盈；相比每一张被叠加的图片，叠加的图片显得英俊起来。这一点在面孔处理技术的提升下，成为面孔研究的热点：平均化下的面孔更加吸引人。

Laglios教授早在1990年那篇影响巨大的研究中发现平均化的面孔更加美丽：平均抹去了很多面孔细节的棱角，比如我眼睛不大，平均化了就能大一些，横竖能好看点儿。按照Rhodes教授的总结，研究面孔美丽和平均性的文章，它们的结果都指向平均性对于面孔美丽的影响很大（统计效力r>52）。在一些实验中，由于电脑技术的原因，图片的平均有一个影响结果的副作用：简单粗暴的平均会把皮肤质地一起平均。大家都知道现在的相机有一项功能叫作磨皮，这本身就能提升面孔的吸引力。想一想就算是普通人，面孔的颜色更均匀，痘痘和疤痕能去掉是不是就会好看很多？通过公式改进，在保留一定的面孔材质（尽可能少磨皮）的情况下，越平均的面孔越美丽。

相信有读者在这里会感觉到奇怪：平均不一般都是中等水平吗，为什么在面孔角度就变好看了呢？在面孔领域平均后的结果往往就是我们在之前提到的面孔地图的中心图片：有代表性的图片。有代表性的肖像可不只是平庸，它能反映一整个群体中最为有特点的表现（其余的个体差异会被平均抹除），自然会比单个图片看起来要好看一些。当然，我们在这里指的是大众的面孔，一张大众脸倘若能更加平均就更好看一些，倘若本来这个人就美若天仙，那么平均的作用不免微妙。Perrett教授也指出，平均性要基于面孔出现的文化和地区，他发现无论是英国还是日本，大家都喜欢那些面孔趋近于中心的女性，但不同地域的人应该是趋近于他们各自地域的模板，甚至是他们各自认为的确好看的人的模板，而非一个共享的模板（这一点或多或少解释了在美丽判断上的文化差异）。

为什么平均化的面孔会更好看呢？大致有两个原因：第一个原因还是和面孔地图有关系，是较为浅层的，纯粹与面孔本身相关；第二个原因类似于对称性，越平均化的面孔越具有代表性，昭示良好的基因。

按照面孔地图假说，当一张面孔与模板相似的时候，它与中心的距离就更近（非常利于大脑加工），更有代表性，也更难以被忘记。正是因为比较接近，对于大脑而言处理得更快、更轻松。这结合面孔地图的假说能解释我们生活中的三个有趣现象。第一，我们对于自己的面孔会有美化：因为我们对于自己的面孔太熟悉了。每天在镜子里面能看到自己的面孔，因为面孔地图的中心模板和我们的经验相关，所以看到自己的面孔越多，我们这种面孔在模板上的权重越大，因此我们会觉得自己的面孔更接近模板中心，自然因为离我们心中的模板近看起来更平均所以觉得美丽。第二，我们更习惯自己面孔的镜像而不是正常方向，由于大家的面孔或多或少不对称（上一节），我们心中的模板是由镜像的自己构成的，而不是自己的正常像，所以看到正常方向的照片会和模板在左右方向有点差距，看起来自然怪怪的。第三就是所谓日久生情：一张面孔看多了就能感觉美丽一些。本身多次看一张面孔可以提升亲切程度，而且熟悉的面孔会在面孔地图上权重增加，自然而然感觉更加靠近模板，难免会觉得更亲切，更熟悉，所以感觉起来（感受角度，物理层面没有变）会更好看一些。

从生物角度看，面孔的平均性也与基因的多样性以及异性结合性有关系，浅显地说就是基因的丰富性：面孔越平均等于面孔没有极端特征，这与基因丰富程度高关系紧密。就好比人工林由于树种搭配的原因没有自然林抵抗病虫害的能力，拥有一套丰富基因的人往往有更好的免疫能力，更加健康。所以综上所述，平均性可以传递健康信息，作为面孔美丽的一大因素无可厚非。

但是平均就等于美吗？不然，我们回想一下安吉丽娜・朱莉的面庞，倘若她的面孔和女性模板平均一下会变得不那么好看。是的，完全会有很多面孔因为它的独特性而非平均性美丽。平均的面孔很美，但是美丽的面孔不见得就是平均的；或者说接近平均化的面孔可以变好看，但是不能达到最好看。Langlois教授在1994年的文章中纠正了她的叙述：平均性可以贡献美丽，但是美丽太过复杂，有部分不能为平均性所解释。Perrett和同事也发现好看的人平均出来的模板比所有人合成的模板明显好看，说明单纯平均不足以解释美丽的全部。再举个很简单的例子，倘若平均就是美，那么最英俊的男性和最美丽的女性难道不该是一个相貌吗？自然不是，至少在男女两性方面，各自有各自的“美丽模板”。解释这个问题，我们得看影响面孔吸引力程度的另一个要素，两性异性程度。

他和她的面孔

男性和女性的面孔有着天然的区别。随着发育的进程，睾丸酮（女性更多受雌激素影响）会让男性的面孔与同龄女性的面孔差异越来越大。相较男性，女性的面孔拥有更小的下巴，脸下部更小巧（简单说就是脸小），有高一点的颧骨，相比更大的眼睛（脸小了，眼睛比例自然大），以及更丰满的嘴唇；相较女性，男性的面孔拥有更为厚重的眉毛，薄一些的嘴唇，更方正的下巴，更宽的脸庞，以及占面孔比例更小的眼睛。这些特征被称为两性异型，也

男性和女性的面孔差异很大，你能找到几处差异呢

可以被称为第二性征的一部分；差异的原因正是男女两性的激素分泌不同。比如Lefevre（雷切尔）和同事发现男性基本的睾丸酮水平（看一场足球，开会儿赛车都能有巨大改变，所以得是男性平静的时候）与面孔宽度相关。无论风尚如何变化，我们心目中的英俊男性总归比美丽的女性拥有更加鲜明的男性特征。

两性之间面孔形状差异直接受到性激素的影响，直接反映繁殖与生育能力。科学家往往会用以下的方法去研究两性异性的影响：他们会选取一定量的肖像画，然后用数学方法让图片与上一页的图这样的男性与女性面孔模板所构成的轴上变化（即一端是男性化，一端是女性化），越靠近女性那个方向越女性化，而越靠近男性方向就越男性化。之后就让被试们选择愿不愿意和图上的异性约会，或者对看到的图片打分。简单，但是直接。

拥有更多女性特征的女性，我们可以说更富有“女人味”，在实验室里，几乎所有人都认为这样的女性更加美丽：无论是打分还是选择，只要一张女性肖像更加女性化（无论是电脑处理的图片，还是真实肖像照）就会被认为更美丽。毕竟面孔女性化程度高的女性，都有着不错的雌激素水平，能够彰显更加好的基因和繁殖能力。尤其是在短期交往情况下（时间比较短，更注重基因而非养育，甚至组成家庭），男性会更愿意寻找女性气质充足的女性为伴侣。自然而然，女性面孔的女性化会被认为更吸引人，更加美丽。

男性化特征在男性面孔上就是另一段故事。更加男性化的男性面孔并不直接导出吸引力。女性们往往会喜欢稍显女性化的男性面孔；一种权衡利弊之后的，自动化的求偶策略。男性化的面孔看起来魁梧有力，他们也拥有更好的免疫系统。面孔的男性化与睾丸酮水平有关，但是睾丸酮并不是免疫系统所喜好的：睾丸酮素会压抑免疫系统的效能。因此，能够承担如此“负担”的男性得有足够强大的免疫系统。这一种“有意而为之”的负担（所谓handicap theory，盘口理论）是一种特殊的，彰显自身良好免疫系统的方式。不过高睾丸酮水平是一把双刃剑，因为睾丸酮水平高同样也和一些不太好的行径有关系：面孔更加阳刚的男性（睾丸酮水平稍高）也会看起来控制感强、情感冷漠、不诚实，而面孔稍微阴柔些的男性（睾丸酮水平稍低）看起来温和、积极、注重感情，能够作为一个好丈夫和好父亲。也有研究发现更加阳刚的男子（更高的睾丸酮水平）在人际交往方面时常会拿捏不好，不太擅长配合，略显激进。男子气概自然在战斗中有优势，不过在人际交往中有点折扣。好比在电影《007》中，饰演军需官Q的本·威士肖就比特工007的扮演者丹尼尔·克雷格阴柔很多：本·威士肖在剧中也更加体贴，更容易沟通，也更加配合他人；充满男性气质的007总是弄坏汽车，有数不清的女伴，做事往往不顾后果。所以说男性气质过强的男性难免像个大男孩，到处捣乱，惹人闹事。毕竟对于女性而言，繁衍后代不只是需要好基因，还需要能够长期提供支持和帮助的丈夫。所以你能理解为什么有些姑娘喜欢“穿衣显瘦，脱衣有肉”的男子了吧？穿上衣服（尤其是衬衫）时能够遮盖住过度的男性气质，看起来比较温和，可以做一个好男友、好丈夫、好父亲；倘若脱了衣服（往往与繁殖直接相关）的时候展露肌肉，彰显男性气质，表露良好的免疫系统以及基因。倘若一位男士这两者能兼具，我们不得不说他在生物角度上占很大优势。

正因为阳刚之气以及背后的睾丸酮水平在男性身上有利有弊，所以女性对于男性面孔的男性气质有看似矛盾的选择。比如Perrett和同事们发现日本和欧洲的女性都喜欢稍显阴柔的男性（大约阴柔15%）；但是Johnston（约翰斯顿）和他的同事发现女性会喜欢更加阳刚的男性。两边实验都做得很认真，不过为什么会有不一样的结果呢？我们回到睾丸酮对于男性的影响，有高的睾丸酮水平会有更好的基因以及抵抗力，但是同时不是做父亲的好选择。我们抚育后代不光要考虑生，还要考虑养，女性对于面孔上男性气质的展露有不同的倾向非常合理。这也引发了之后对于女性激素在面孔倾向上的研究。

生理学上我们知道女性拥有繁殖能力的一个重要标志便是月经。在生理周期内，女性的激素水平会产生波动。比较典型的就是在女性排卵期的时候，不光拥有更高的怀孕可能，也拥有相对较高的雌激素水平。回顾下睾丸酮水平对于繁殖的影响，Perrett和同事产生了一个设想：倘若女性在选择男性的时候是在权衡利弊，那么会不会在生理周期内因为怀孕可能性变化的同时，权衡男性的天平也发生波动呢？他们在日本和英国同时做了一个实验，先记录参与实验的女性的生理周期（推算是在排卵期还是在黄体期），然后测量她们对于男性面孔的倾向（是喜欢更加阳刚的，还是稍显阴柔的）。实验的结果和他们的设想惊人地一致：相对于处于黄体期的女性（不易受孕的阶段，雌激素较低），处于排卵期（相对容易怀孕，雌激素较高）的女性喜欢的男性更加男性化一些。这还不是这个实验的全部：趋向的变化仅存在于短期交往预设条件下（也就是不做价值判断的情况下，只需要精子不求抚养的理想化实验室条件），而并不存在于长期交往（好好过日子的还是会权衡利弊，不太容易被干扰）。在2000年，他们还做了一个更大样本的实验：他们在杂志上刊登一个“广告”实验（那个年代互联网不发达），让女性们寄回对于广告上男性的选择以及生理周期。这个实验结果与之后不少激素研究一样，都指出生理周期（背后的多种激素交互作用，参见Little教授在2011年的总结）能够影响短期男性伴侣选择。在其他维度的研究发现，这种改变不只存在于面孔上，甚至还存在于男性的声音和气味上，说明对于面孔的喜好不只是个例，背后的生理因素（更合理地繁衍后代）才是真正的原因。

这组研究乍一听让人惊讶：难道女性就是激素的“俘虏”吗？Perrett教授也承认，这个结果当时让他辗转反侧，因为大众容易产生误读，女性并不是激素的俘虏，硬说男性才是。相比女性在生理周期的雌激素波动，男性每天的雄激素波动堪称“波澜壮阔”，甚至踢一场足球，开一会儿汽车都能让男性的雄激素或者“爆表”，或者“清空”；所以女性的激素波动其实不大。第二，他们的研究是完全理想的实验室研究，倾向和实际做事千差万别，好比说张三喜欢兰博基尼的跑车，并不代表他真的会去买（也买不起）；女性对于男性面孔喜好的变化，只是反映了一种倾向，实际在建立家庭的时候（长期关系）她们的观点是坚定的、稳固的。第三，无论在哪个社会，都会存在一些人（无论男女）倾向于出轨（或者不觉得出轨是事儿），这就是个体差异的一部分。因此，读者们请不要担心上前的发现，它只是突显了激素在女性择偶行为中的一些影响，它既不是决定性的，也不会造成我们某些改变，毕竟婚恋是个复杂的过程。

按照生理期时间反推激素分泌水平和时间，依旧是一种粗糙的研究方法。这和“安全期”一样都存在偏差。在2001年，科学家还只能通过回信分析研究；由于缺乏直接的测量手段（当时有，但是因为价格等因素），只能用生理周期做推理。而到了今天，科学家们有更加直接的方法，以收集唾液分析激素的手段可以更好地分析不止女性还有男性的激素水平以及变化。我有幸在研究激素的实验室做过一些工作，也参与实验研究。现在的研究往往会在测试的同时让女性把一部分唾液排放到试管中（漱口之后），然后冷藏并交给专业医疗公司分析激素水平，这样更直接准确。当然在实验前，科学家也会拍摄女志愿者的肖像（可以进一步研究），测量女性的身体维度、身高、体重等等。用多个角度的测量方法，最大程度地还原志愿者的生理学特性。随着研究方法的提升，研究更加准确，也更贴近我们的生活：最新的实验结果与我们生活的经验更加贴合，也可以指导我们。

男性与女性的差异还有一点：对于成熟的喜好。成熟性也与两性异型有千丝万缕的关系。女性化程度高的面孔看起来也更显年轻，而男性化程度高的面孔显得年纪较大（沉稳）。在对于女性的面孔选择中，男性会喜欢幼态持续性，幼态持续性，可以理解为面孔看起来很年轻。所以铁打的007，流水的年轻邦女郎；女性的面孔越显得年轻就越好看。但是在男性面孔上，还是比较大一点显得成熟、稳重，能够吸引人。电影《迷失东京》中的年轻美貌的斯嘉丽·约翰逊与成熟稳重的比尔·莫瑞的情愫，或许就是男性更喜欢年轻女性而女性更喜欢年长男性所导致。

男性和女性在对于面孔形态的喜好上有不同的倾向，这些倾向反映生理学的基础，也可以反映生理基础决定下两性为了最大化后代利益的策略性选择。但是大家也别忘了，在文明社会，婚姻和恋情不只是样貌这么简单，还有更多的社会因素会影响判断。

不同的环境，不同的选择

选择喜欢的人可不是一个简单的判断，倘若不考虑足够多的情况，容易得出有缺陷的结果。激素对于我们的行为有影响，我们生存的环境也一样有影响。这些影响往往潜移默化，表现在我们求偶的策略之中。随着环境的改变，如果沿用同一套策略可能会跟不上时代的变化。比如研究里区分长期和短期关系下的面孔男性化程度的倾向就是一个好例子。

首先，我们自身的吸引力会影响我们对于不同面孔的倾向。交往往往是双向的，双方要互相喜欢才合适；所以双方的各项条件应该相接近（当然这并不否认出现两边不平衡的情况，我们只讨论大体趋势，不讨论所有个例）。类似老话中“门当户对”的说法，大多数人的“颜值”和伴侣的不相上下。Little与同事们发现，更好看的女性在寻找伴侣上与稍逊一筹的女性不太一样：女性自身越好看，越会喜欢寻找有男性气质的伴侣（或多或少解释了为何不同研究发现的女性对于男性面孔阳刚程度的喜欢不同）。当一位女性腰臀比更理想化（身体吸引力强，也和激素有关系），她会更倾向于寻找有男性气质的男伴，也就是美女更愿意寻找俊男。一位有魅力的女性往往有更丰富的经验，也有足够的自信和资本去寻找（不只是幻想）优质基因的男性，同时她们的交往经验和能力足以“拴住”男伴，和他们建立稳定的恋情和家庭。而长相抱歉的女性，在选择男友时（注意是选择，不是幻想）更“务实”：找一个对自己好的就行。男性在策略上与女性如出一辙：首先，自认为英俊的男性会寻找更富有阴柔之美的女性；其次，倘若一位男性适逢单身期，他在寻找短期伴侣时会放低要求，对于女性面孔的女性气质要求不再严格。无论男女，在短期交往中都以健康以及成功为基础采取不同的策略。

自身吸引力也不会一成不变，在不同环境中我们并不是一样吸引人。因此在不同环境下，同一个人的求偶策略以及自我美貌判断亦随着周边“竞争对手”的质量一同改变。我们身边美丽的邻家女孩放在世界超模之中肯定显得逊色，在不同的环境下我们对于自身是否貌美的判断会有改变。清朝的妃子从现代审美看，不由得让我们为皇帝捏一把冷汗。杨玉环倘若生在赵飞燕所在的年代，她必会被认为姿色平平。在西施所在的年代，哪怕东施化妆技术了得，也算不上绝世美女。科学家再神通广大，还没有把人送到另一个时代文化的能力，那怎么研究呢？Little和Mannion（曼尼恩）两位教授用一个巧妙的实验设计探索了周围人美貌对我们的影响。他们把女性志愿者分为两组，一组观看美女的照片，一组观看长相欠佳的女性图片；此种区别将前一组女志愿者置于一个“颜值”竞争压力大的情境下，而让后一组志愿者感觉到自身“颜值”占有优势。果不其然，看到更多美貌照片的志愿者对于自身吸引力的打分低于看到长相抱歉的志愿者们，而且他们对于面孔阳刚程度的选择也低于另一组。倘若你在一组人中长相占优势，你的选择更加多，也更会选择阳刚一些的男性（不怕对方出轨或者抛弃）；否则，还是选择更加保守的策略，让后代有更好抚养的可能性。

我们所处的环境也会影响我们对于对象的偏好。求偶和繁殖还要考虑到后代的健康，倘若环境不好、不健康，对于良好基因的渴求就会上升。之前我们提到了男性气质，男性激素，以及抵抗传染力的能力有关系，那么我们考虑下这个问题：倘若一个地方贫穷且传染病横行，那么女性更倾向于外表稍阳刚的男性还是外表稍阴柔的男性呢？与健康直接相关的传染病对于求偶有直接影响。倘若传染病横行，男性哪怕拥有极强的抵抗力，都不见得招架得住；为了更好的后代，健康的重要性肯定非普通地方所能比拟。上述结论可不只是推论：DeBruine（德布鲁尼）博士的研究团队分析30个国家地区在面孔上男性特质的喜好程度与该国家健康卫生水平（世界卫生组织的打分）之间的关系，结果和我们的推论一样，那就是一个国家倘若卫生情况越差，就越需要“阳刚”的男子。做出上述推论需要排除一切可能性，一个地方环境卫生越差，一般而言基础建设也越差，社会暴力事件也越多（争抢为数不多的资源），所以上述结论会不会反映男性之间竞争的趋向呢？也就是说，会不会是因为需要一个能抢来资源的男性，所以需要强健的伴侣？Brooks（布鲁克斯）博士的团队秉承上述想法，通过研究认为女性对于男性的倾向与国家富裕程度也有关系。而Little教授与同事发现当女性在不同男性竞争的环境下，对于男性面孔上的阳刚之气喜好也不同：当女志愿者看到男性打拳击的画面后（竞争），相比看到男性打高尔夫球（没什么竞争）会更喜欢雄性激素充沛的男子。Lee和Zietsch（奇科）教授最近的研究为健康水平和求偶研究做出新贡献，他们发现只有年轻女性才会因为健康方面的考量（三域厌恶模型中的对于环境健康的厌恶，激活脑岛区域）倾向于阳刚的男子。诚然，年长女性往往生育能力下降，在这个年龄段倘若要组建家庭，基因不是最重要的选择，而应该是选择良好的人格，固然对环境健康的“担忧”不明显；从这个角度看，环境健康更与繁殖和基因选择挂钩。总而言之，一个地区的健康情况和富裕程度有密不可分的关系，这些因素都反映了一个问题：健康是对于异性面孔倾向的一大因素。为了健康的后代，男女两性都“绞尽脑汁”，用最合理的策略找到

拳击直接彰显男性之间的竞争。倘若你是个拳击好手，不妨带着你的对象去看一场拳击比赛；或者你干脆搞个搏击俱乐部，自己上阵，亲自用肌肉和汗水展现男性的魅力，争取到心爱的女性，走上人生巅峰

最喜欢的伴侣。

熟悉程度也会影响我们对于面孔主人的喜好。正如在平均性一节所提到的，我们在重复看到同一张面孔多次之后，会感觉到“眼熟”且亲切。虽然熟悉让人倍感亲切，但是并不代表他们都更愿意与对方进行短期交往：好感不等于恋情，亲切有时候是超越性，而为了合作的。毕竟短期交往更突显生理因素的选择（虽然听起来有违社会习俗，但是实验室的研究就要暂时剥离社会习俗的影响，才能搞清楚生理因素的作用）。首先，之后能留下良好印象的人，才会随着熟悉被人喜欢；如果讨厌的人老是出现，烦还来不及呢。其次，男女对于熟悉的喜好也不同。在短期交往中，男性更倾向于扩大交往的面孔，散播后代；但是女性更需要良好的基因。在传统文化中，我们知道有些男性“始乱终弃”“见一个爱一个”；在实验室里，男性也展露出这样的“特点”：男性对看到的女性照片的打分里，第二次打分会比第一次稍低；而且，他们对于看到第二次的女性会感觉不再那么性感。相反，女性并不那么“喜新厌旧”，她们甚至会更喜欢与自己恋人相似的男性，说明她们更加喜欢熟悉的面孔，而非男性那样“寻找新刺激”。

我们周围朋友的喜好也会影响我们对于他人的喜爱。思考一下这个问题，倘若我们要判断一个陌生人能否做一个好恋人，需要复杂的考察。我们前面提到的所有倾向都是和第一印象挂钩，并不能完全反映人类的交往；实际交往过程中我们还得考虑性格等因素。所以每一段恋情都需要复杂的准备，需要时间和精力；但是有没有更快的方法呢？上学的时候，有学生会用抄作业的方法，“复制”

他人劳动得到答案（不赞成）；在看电影前，我们会用查影评的方法，“复制”别人的经验搞清楚电影好不好看（我赞成）；在找餐馆的时候，我们会查大家的点评，“复制”别人的经验找美食（我也赞成）。在搞清楚一位陌生男性是不是“好男人”的关口，女性朋友们能不能通过“影评”找到捷径呢？这一点在雌性动物中广泛出现，被称为“求偶选择复制”（mate choice copying）：当一只雌性动物察觉到一只雄性动物被其他雌性环绕时，它会“复制”这群雌性的“选择”，更喜欢这个雄性的人生赢家。“复制”不只是简单地拷贝，还有抽象学习：雌性动物不只是喜欢上述例子中的雄性人生赢家，它还会喜欢长相类似该雄性的其他雄性；在动物界，长相是所有内容（他们大多没有工作、车子这样的身外之物），雌性动物能够学习其他雌性的选择，并且融会贯通，琢磨出人生赢家的长相特点。毕竟在求偶角度，抄到的答案也是答案，节省时间和精力不说，还能避免被不好的异性伤害。人类亦是如此吗？按照上述设想，通过其他女性的“打分”，她们对于男性的评判也会有变化。婚戒可以说是婚姻的象征，或多或少也能象征这位男性有一定的优势；不过女性并不对有婚戒的男性倾心。人类对于求偶选择的复制要复杂很多（智慧、理性更多），毕竟婚戒也意味着婚姻，做“小三”有可能财色皆失。Jones教授团队发现女性倘若要“复制”她人的选择，需要直接的信息：就如同我们前几章说的，情绪、朝向等等信息都是被我们自动分析，在“复制”观点的时候这些因素也会考虑进去。相信没有哪位女性会傻乎乎地认为一位男性与一位看起来因为没有买衣服而生气的女性走在一起是充满魅力的。Jones

教授发现当观察到其他女性对着一位男性咧嘴笑的时候，这位男性看起来更有魅力；倘若还是同样的照片结构，但是女性背对另一位男性笑（言外之意，对此位先生没兴趣），女性志愿者不会“复制”图片上的选择。相似地，Bowers（鲍尔斯）教授团队也发现女性会“提炼”受欢迎男性的特质，会喜欢有受欢迎男性特点的其他男性。所以，有些姑娘喜欢上闺密的男友，正是由于脑中自带的“复制”能力；不过这样不可取，没有充分考虑婚姻恋爱的复杂性和严肃性。

我们作为社会的东西，身处人海之中，他人以及环境等多个条件都对我们的求偶倾向存在潜移默化的影响。说一千道一万，深层的因素还是为了能给下一代一个好环境、好家庭。人类的行为很复杂，恋爱更是复杂；上述的几组研究虽然都有很大的图片，与完全破解恋爱与面孔美丽的关系尚需时日。在恋爱和婚姻上，实在是有太多因素和原因了，这正是科研的魅力（在复杂中找到脉络）。

家中的“故事”

我们的面孔来自父母基因的结合，所以在谈论面孔的时候不转过身思考一下父母对于我们的影响是不充分的。在2008年，Cornwell（康威尔）和Perrett教授在圣安德鲁斯大学探究了父母的面孔与孩子的面孔。他们先招募一批志愿者，然后拍摄了他们的照片，接着两位科学家请来志愿者的父母们一一拍照。接着他俩招募一群新的志愿者给孩子和父母的面孔吸引力打分。划分出高吸引力和低吸引力之后他们把极端的面孔（最好看的15%和最不好看的15%）平均在一起。和你想的一样，有漂亮父母的女性比其他的女性好看很多。或者说女儿继承了妈妈面孔上的女性特征，因而母女都好看。

但是在儿子身上，问题就复杂多了。最好看的男性的父亲和最不好看的男性的父亲看起来在“颜值”方面差异不大。难道父亲不能把英俊传递给儿子吗？当然不是，父亲能够给儿子传递男性特征，就好像母亲能给女儿传递女性特征一样。不过男性特征在男性吸引力程度上效果复杂。所以从英俊父亲那儿继承来的男性特质不见得会让儿子魅力十足。难怪球星贝克汉姆的儿子们和贝克汉姆比起来不够英俊。

父母能够给孩子的是相似的容貌，就细节而言是两性异形。倘若妈妈好看，女儿容易变好看；倘若爸爸英俊，儿子不见得一定英俊。男性朋友们，倘若想要更吸引人，光靠“阳刚之气”还不行，还需要良好的性格。

家庭的经验还能够让我们回避不适合的对象。纵观全球，几乎所有现代文明都明确反对近亲婚姻：近亲婚姻往往会与遗传疾病和婴儿致畸相关联。所以正常女性会觉得与自己长相类似的男性（有更高概率携带相似基因，或好或坏的基因）不是很有性吸引力；这已经被相当多的实验发现，不过我们不妨看看家庭的影响。DeBruine与同事们就发现，有弟弟的女性更擅长于判断相似的男性没有魅力，因为在家庭中和同龄又相似的男性接触充足，她们在判断问题上更有经验。

家庭对于我们的影响可不只是性格和谈吐，甚至还有伴侣的选择，所以我衷心祝愿大家阖家欢乐，家庭幸福美满，每一个孩子都能够有充足的特质、心理的支持和帮助。

“我该怎么做，能够更好看？”

虽然我没有阅读过直接的“变美理论”论文，但是通过这一章的内容我们还是可以总结几个变美的方法。无论男女，都请你从健身开始。寻找恋人和配偶往往和健康挂钩，所以健身在提升健康的同时，还能让你更受青睐。同样，健身可以让一些肥胖或者瘦弱的朋友达到身材的平衡，面孔也会达到平衡，不知不觉间，通过良好的锻炼大多数人的面孔也能看起来更加平均，或多或少提升“颜值”。另外一点就是男性朋友的面孔男性化也可以被健身提升；虽然面孔阳刚之气对于吸引力有复杂的关系，不过如果你能表现亲和、温暖来中和可能的负面影响，男性化程度高带来的优点（抵抗力）就更加突显，所谓“穿衣显瘦，脱衣有肉”。

健身还有两个隐藏的利好，这两点与健康相关，都可以在面孔的吸引力角度大展身手。第一点，健身之后由于身体健康的改变，面孔会更加红润。原因就是心肺功能提升会让血液中的含氧量上升，所以面孔上会透露出红色。反过来说面孔的红润和健康息息相关。这种红色就是“白里透红”的红，不光好看，还吸引异性。

第二点，你可能想不到，那就是膳食均衡。很难想象一个认真健身的人会不在意营养摄入。当一个人补充充足的水果、蔬菜之后，肤色也会有所改变：水果、蔬菜富含的类胡萝卜素（一种有机色素）会让面孔显黄色。这种黄色和健康挂钩，自然也会和吸引力存在联系。有朋友会觉得，黄色不是不好看吗？花那么长时间防晒就是防止皮肤变黄，为什么还要吃进来？不用担心，这种黄和晒伤不是一样的表现，而且在正常饮食条件下，你不会黄成香蕉那样。在六周均衡膳食之后，被试们的皮肤都能显露出可察觉的变化，看起来更加健康。但是胡萝卜素带来的美貌提升在面孔上最明显，所以就好好健身，平衡饮食，美貌的道路没有太多近道可以走。

虽然是同样的面孔，明显左边红润的面孔更加吸引人。所以行动起来吧。要么锻炼身体，让面孔红润有光泽，要么用厉害的化妆手段让自己更美丽（修改自摄影师Masami Ohkubo）

在对称化角度，面孔的对称性可以提升吸引力。女性读者可以通过化妆的方法，而男性朋友虽然（绝大多数）不化妆，亦可用眼镜和发型修饰面庞，比如更大的眼镜往往可以遮盖一些不对称（当然你得把眼镜戴正）。

两性异型方面也是，女性读者在了解女性两性异形的特点之后，就能理解为什么眼妆对于“颜值”提升有作用了吧？大眼睛是女性特征和幼态持续性所共享的一个特征，自然可以让你更好看。其次脸颊处的阴影可以让面孔（下半部）显小，亦是女性特征的一处要点。你精心挑选的“斩男色”口红可以让唇部亮泽，还能更丰满，依然符合女性特征。而粉底液、遮瑕等底妆都可以提亮肤色，也平均肤色，毕竟平均的肤色和美丽直接挂钩，还能让人显得年轻。最近我在学术会议上看到有研究表明眼线和眼影比睫毛膏对于女性的魅力提升更大，也是相似的道理；不过此研究还有一定的缺憾，希望在未来能够详细指出眼影对于魅力提升的原因和具体方法。总而言之，科学研究已经发现合理的化妆可以让你更美丽，你还不试试看吗？

在“硬件改造”方面，我不多谈。除了这个，通过表情等方法我们也能提升“颜值”。第一点就是积极的目光接触，直视他人可以让对方更加开心，因为被人直视可以让大脑中的奖励系统更兴奋，心中不免会更加开心。直视的面孔（相比斜看）会被认为更好看；在好看的人身上直视效果更佳，倘若你本身就好看更该试一试。所以积极直视你心中喜欢的对象，没准儿ta的内心更如小鹿乱撞。第二点就是情绪，有时候微微一笑刚刚好。O’Doherty（欧·多尔蒂）和同事们曾发现微笑可以让前眼窝皮层兴奋，这一点如同目光直视一样“有魔法”。进一步看不同情绪在两性之间的关系，积极情绪能让人更好看，尤其是女性，笑容是最美丽的。而在男性身上就有趣多了（又是男性！），笑容在男性身上虽然也受欢迎，但是不如骄傲、自豪的动作，看来男性还是要展现自己的力量和霸气。出乎意料的是，“惭愧”的表情竟然也是被青睐的，不过仅仅限于年轻女性：年轻女性可能交往经验不多，看到男朋友真诚的愧疚也就心软了，反倒觉得真诚会加分，但是有经验的女性不吃这套，错了就是错了，肯定要扣分。所以男性朋友们，要分清楚女朋友的喜好和经验。不过犯错了就道歉吧，真诚可比一时的吸引更重要。

虽然眼睛朝向哪儿不会直接影响你的美貌“评分”，但是如果能够与“评委”保持目光直视，你可以更好地激活对方的奖赏系统，因此“评委”就更开心了。所以你想留下好印象就该盯着对方，反之亦然（修改自摄影师Masami Ohkubo）

现在，你知道怎么样让自己更美丽了吗？健康的身体，积极的沟通，这就是魅力的基础，这也是健康交往的基础。

靠谱还是不靠谱

《三国演义》与《水浒传》中都勾画了饱满的人物形象，比如大家都很熟悉关羽和李逵。这两人都是武功盖世，不过如果说要从他们两人中挑出一个人共事的话，想必很多人都会选择关羽而非李逵。两位都充满男性气质，但是为什么单从扮相看（无论是电视剧、电影，还是画作），关羽看起来更加忠义靠谱，而李逵看起来更加蛮横无理？这也和面孔有关系：一个人的可信赖程度（trustworthiness）也会在面孔上被透露出来。

我们不妨看几张图，实际体会一下信赖感在面孔上的体现。大家可以猜测一下哪些比较可信赖，那些比较不可信赖。

随着指数的上升，不信赖感逐渐加强。科学家们其实是这样合成这两组面孔的：首先他们收集了一个较大的面孔数据库，又招募了一大群被试来对这些面孔的可信赖程度打分；然后Keefe和他的同事就可以拿到大众对这些面孔的打分，接着选取了分数最高和最低的各8张照片用技术手段融合（之前章节提到的计算机编码算法）所谓的特征面孔（特别靠谱的和特别不靠谱的）；最后他们将最高和

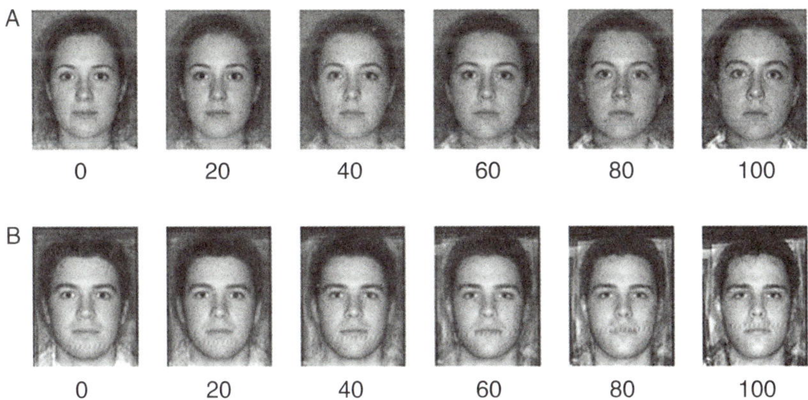

相信绝大多数人会认为靠左的面孔更加可以信赖，而靠右的比较难以信赖。事实正是如此，不光是可信赖程度在下降，最右边的面孔看起来亦不好看

最低可信赖程度的面孔融合在一起产生了这两组面孔。

在这里肯定有人会问我：我想知道我们怎么去判断一张面孔值不值得信赖呢？好，那我先从可信赖这个维度讲起。很明显，“值不值得信赖”是人类后天形成的观念，是对一类人的概括，或者说是加标签。早期人类生活常常要面对各色各样的陌生人，这人是敌是友，能否一起愉快地玩耍十分重要：要是“交友不慎”，轻则晚上挨饿，重则性命堪忧。所以我们的祖先早就适应了这样的环境，倘若要活下来，必然要能分辨出谁可以信赖。

简单来说，在我们看到面孔的时候，杏仁核会自动判断对方靠不靠谱。不待我们在意识中做出判断，杏仁核就会对不太靠谱的人做出更大的反应。换句话说，信赖感觉与杏仁核活动紧密相关，越不可信，活动越大。读了前面几章的朋友可能知道，杏仁核是对这类潜在威胁有明确作用的，杏仁核的“判断”能够保护一个人避免危险。那么不可信的人的确让人觉得不安全吗？

甚至相对于对美丽的判断，大脑对于可信赖程度的判断更快：被试的杏仁核对于（广泛被认可的）可信的人的照片有着又明显又快的兴奋反应，也就是说杏仁核对靠谱的面孔反应速度非常迅猛、显著。实验过程并不复杂，非常简练：首先他们收集了大量被试对于一堆脸的评价，然后让另一群被试去做fMRI；最后针对fMRI脑区活动结果与脸本身各个维度的评价结果进行相关分析（correlation），从而得到脑区活动与这些维度的关系。

杏仁核在判断靠谱程度时，会更着重于处理低空间频率信息，因为这种信息不需要太多加工，速度更快，方便我们做出即时判断。Said、Baron（巴隆）和Todorov研究了下不同空间频率的面孔对于杏仁核的刺激。杏仁核是大脑中边缘系统的一部分，它的功能众多，我会在之后详细讲述。杏仁核有一个主要功能，作为警觉中枢保持警觉，一张不怀好意的面孔让人生疑，这个“生”就生于杏仁核。正常情况下，杏仁核对于高度可信赖的面孔或者说高度不可信赖的面孔都会有很大的活跃。基于这个事实，Said和同事们就探究了空间频率这么重要的信息会不会也影响信赖程度的判断，结果很有趣，科学家们发现相对于高空间频率信息，杏仁核对低空间频率的面孔更加活跃。也就是说在判断一个人能不能被信赖的时候，还是低空间频率信息更加有作用。所以说速度在靠谱判断中很重要。

不光如此，对于靠谱程度的判断有时候完全可以在我们意识之外进行：我们都没有意识到看到面孔时，杏仁核就在加工数据。倘若呈现时间太短，我们意识不到看到面孔，就好比一张面孔一闪而过怎么会看得清楚呢？但是由于低空间频率信息传递快，一闪而过就足以判断。所以说有时候我们莫名觉得不安，就是杏仁核在保护我们：或许是不靠谱的人出现，或许是危险的环境。

一些行为实验发现下面两个有趣的结果：（1）女性更擅长判断一张脸是否不值得信赖，而男性更擅长判断一张脸是否值得信赖，当然相对的判断灵敏度没有区别，纯粹是因为女性对于不可信赖的面孔有很大的排斥反应，可以说暗含一定的进化心理学意义；（2）在视觉适应（adaptation）一张不靠谱的面孔之后，个人可以对不靠谱的面孔判断更加准确，反之亦然，更说明信赖程度的判断是直接而且精确的。

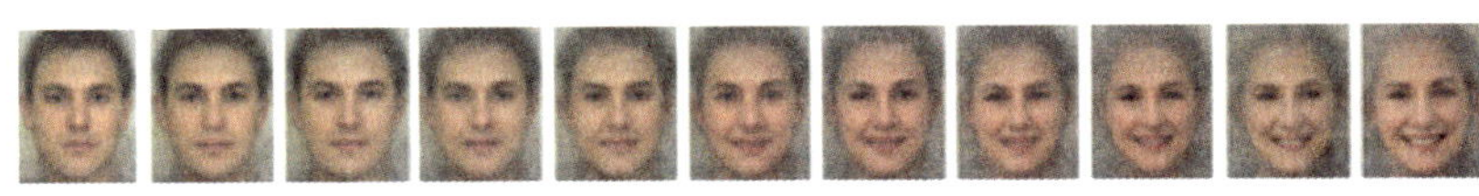

Sutherlend（萨瑟兰）与同事发现靠谱程度是从左往右递增。在综合本节第一张图，你是否察觉到了组成可信赖面孔的特质吗？似乎性别也会涉及靠谱程度的判断

光了解大脑的判断还是不够的，我们还需要知道怎么样能让我们的面孔更加靠谱不是吗？科学家们对面孔可信赖程度进行了如下的分解：（1）面孔越女性化（或者说男性化masculinity程度越低）越可信赖，一个五大三粗的壮汉看起来难以觉得可信赖，进一步说，面孔的长宽比（一个反应雄激素—男性化程度的测量标准）也会影响可信赖程度；（2）好看程度与可信赖程度有关系，相对应地，看起来健康也可以增加靠谱程度（好看程度和靠谱程度相关度很高，甚至看起来健康又好看还能提升别人的助人行为，也就是更

愿意帮忙）；（3）面部表情会影响靠谱程度［如Engell（恩格尔）发现适应了悲伤的面孔后，被试会觉得其他面孔更开心，也更靠谱］，更加积极的表情可以提升靠谱程度，所以你不妨笑一笑，展现温和与怡人；（4）甚至有科学家已经为看到这里也已经对自己面孔失去信心的朋友指明了整容道路：眉骨低一些，颧骨浅一点，下巴窄一点，然后鼻梁塌一点都可以提升面孔靠谱程度（这就得依靠化妆术了）。

如果你想在陌生人（尤其是相亲对象）面前提升自己的靠谱程度，也不想动刀子整容（女性朋友可以通过合适的化妆），其实适当地改变就能让我们的信赖程度产生变化。我给出以下几个建议：（1）表情温和且积极，不做作但也不过度；（2）锻炼身体让自己面色红润有光泽（健康，当然身材肯定也加分）；（3）打扮得体（有研究指出这一类背景信息也会影响对你面孔的评价）；（4）待人接物靠谱点（他人评价，尤其是介绍人的评价会对你的整体评价影响很大），让朋友熟人对你有积极合理的评价；（5）对于男性而言，男子气概更多地应该用实际行动展现而不是“粗犷”的外形，而女性朋友也不要刻意展现女汉子的一面，应该也用实际行动展现积极的一面（毕竟出发点是留下好印象）。进一步举个例子，同样是施瓦辛格扮演的终结者，第一部里面冷酷无情让人害怕，第二部里面虽然外形不变，但是与主角康纳母子的温情互动让人感觉靠谱很多。既然如此，在外表难以改变的前提下，改变自己的行为也能让人刮目相看。

他好欺负吗？

我们先从一个小测验开始，大家判断下图三位哪个好欺负？

结果很明显，我不觉得有人会想去招惹007特工，尤其他手上还有枪；更没人想去招惹州长，州长不只有枪；但是考拉男就不一样了。有人说007和州长拿枪不公平。那我就让他们都去海边脱了衣服再拿个东西，咱们再看看呗。

还是不一样啊！我不方便找出一个看起来让人觉得没有“霸气”的男演员（为了照顾粉丝们的情绪），上面三对图片只是一个简单的展示：有些人无论如何都霸气十足，但是有些人看起来总觉得缺了些什么。对！差异就在于支配力（dominance），肖恩·康纳利和施瓦辛格在支配力程度上简直爆表。

为什么呢？为什么有人看起来就很威严，有些人看起来就很容易被欺负？为什么两个人看起来一样面目可亲，却一个给人压力，一个气场全无呢？这其实就是我们的面孔在不同社会层次上有着不同区分所导致。举个例子，你要和一位商务人士谈一个合并的大事，结果你看着他穿着宽大的西装，骑着电瓶车，似乎还挂着一个房地产中介广告在车后面，你还真准备和他谈吗？言谈举止甚至衣着都能彰显一个人的行为原则，自然这些是判断靠不靠谱的好方法。其实通过观察面孔也足以判断出一个人是否有支配力。

那么，我们看脸都干了些什么呢？Olivola（奥利芙拉）、Funk（芬克）和Todorov在2014年提过一句，我们看脸是为了准确判断和我们社交的对方的个人特质。

回到问题上，为什么有人好欺负呢？这一点也是由几个面孔的特征决定的。正如同我们上面举的例子。一般而言，我们对于面孔的社会特征划分为几个内容：（1）好看程度，这一点与好欺负与否关系不大，比如李逵长得真的不好看，007个个都好看，但是你们肯定不敢去欺负他们；（2）可信赖程度，这一点关系也不是很大，原因也类似上者；（3）支配性，这个一听就靠谱（其实也是最关键的原因），一个人如果看起来很有支配能力，或者说帝王将相、领导相，想必不少人见了腿都软了，就想跪；（4）自信程度，一个不自信的人唯唯诺诺，就像我们上一条提到的那些跪着的人，这不就等着被欺负呢？我再插一句，只有在获得一定的支配性之后，自信、好看、可信赖程度才会影响这个人“会不会被欺负”。

现在我们讨论了哪些因素影响我们的感觉，但是这些因素在我们面孔上怎么反应的呢？比如什么样算是“可支配”呢？

要想进一步让你们理解，我就只能上图了。Sutherland和他的同事针对七种面部特征构建了三维模型，我们抽取几个相关的看一看：

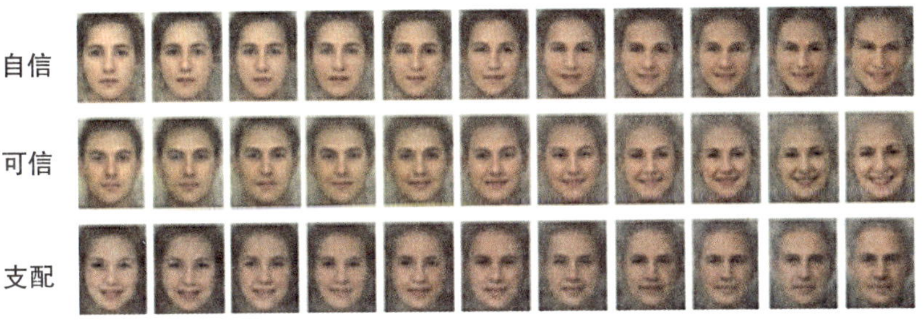

程度从左到右递增。大家看：（1）在支配程度上，面孔越是男性化就越支配，越成熟（年纪为表，成熟为里）也越支配；（2）在自信程度上，也是越显男性化越自信，表情越积极也越自信

男性化我们在前面谈过，可以被理解为男性第二特征在面孔上的表现。也就是说，有着更坚毅的表情、宽阔的下巴、粗犷的眉毛、恰当的面部宽高比（对，被激素影响）的情况下，才是“男性化”。插一句，有人提到看起来只是眉毛在变化，这就是“以指为月”了，他们面部特征的变化远超过表情，在这儿说来，你看电影里面大boss天天笑呵呵吗？都是很严肃的嘛，男性的气质往往和冷

峻相关，多说无益，不如好好做出来不是吗？

总而言之，面孔的“支配性”极大程度上影响了一个人“看起来好不好欺负”的原因，而少数面部特征“锦上添花”或者“釜底抽薪”。那么要想看起来“不容易被欺负”，那就只能增加支配性。怎么办呢？我并不支持像007一样拿出大规模的杀伤性武器，还是得从自身入手。那就去健身房吧！锻炼身体，获得健康。一个不健康的人，人家都懒得帮你（论文暂时找不到了）。一个强健的人可以优化支配力，提高信赖程度，获得健康的肌肤，站上人生巅峰。

这并不是终点

美丽与吸引力在心理学角度是复杂的课题，因为它们涵盖许多内容。相信读完本章的读者能够理解其中的复杂性。随着科研水平的上升，科学家们可以更好地理解美。就好比一开始高尔顿得用底片叠加理解平均性，之后的学者用早期的算法平均面孔会带来“磨皮特效”，时至今日，科学家在理解平均性与面孔的关系上游刃有余。也好比十余年前的学者探究激素与美的关系历经险阻，而现在价格便宜的激素测验足以解释激素对于面孔的影响。再往后，基因测序的方法没准儿会进入这个领域。

其实现在对于美丽的研究尚未深入，尤其是在大家都感兴趣的领域还缺乏足够的研究。我在此只提三点。第一，是性少数人群，Welling（韦林）和同事曾探究过不同性取向的人对于男女面孔的倾向；但是由于研究比较少，不足以形成观点。第二，是中老年人，心理学研究的局限有时候就在被试的年龄群体，大学生往往是研究的主题；但是中老年人占社会总人口比例越来越大，却没有相称的研究。本章也提到，中老年人对于审美的深层因素和年轻人有本质的区别；希望在未来能有更多研究让我们能够更好地理解我们的父母。第三，是妆容和保养品。随着越来越多的女性科学家进入科研领域，配上新的研究方法，化妆对于美貌的影响也在科学家的议事日程上。大家都知道化妆是个复杂的内容，先不说技术，不同的方法对于面孔都有影响，更不要说不同的化妆品、保养品对于面孔的影响，甚至长期化妆之后的影响还不甚明朗。希望在不久的将来，这些领域对于美的影响能逐渐清晰，也希望在那时我们可以更好地理解面孔传递的美。最后就是最大的挑战，吸引力与成为恋人还有一个巨大的鸿沟。按照我室友Alex的说法，他在地铁上能对无数女生倾心，可惜他依旧单身。吸引力的研究难免陷入过度解释和解释不足的境地，希望在未来，这一切都能用更好的模型涵盖。

本章着重介绍的三种社会特征不是我们能够判断的极限。在真实生活中，我们甚至能从面孔上得到领导力、智慧程度等等的判断。随着经验增长，我们可以在社会中“学习”到什么样的人拥有什么样的面孔。这些研究方兴未艾，希望在未来，等到结果更加成熟时，可以给大家细细介绍。

无论如何，只要微微一瞥，你的心中就会对对方默默分析出性格，谁让我们是阅读面孔的高手呢。

参考文献

Adolphs, R., Gosselin, F., Buchanan, T. W., Tranel, D., Schyns, P., & Damasio, A. R. (2005). A mechanism for impaired fear recognition after amygdala damage. Nature, 433(7021), 68–72.

Adolphs, R., Tranel, D., Damasio, H., & Damasio, A. (1994). Impaired recognition of emotion in facial expressions following bilateral damage to the human amygdala. *Nature*, *372*(6507), 669–672.

Alley, T. R., & Cunningham, M. R. (1991). Averaged faces are attractive, but very attractive faces are not average. *Psychological science*, *2*(2), 123–125.

Alvarez, G. A. (2011). Representing multiple objects as an ensemble enhances visual cognition. Trends in cognitive sciences, 15(3), 122–131.

Ariely D. (2001). Seeing sets: representation by statistical properties. Psychol Sci. 2001; 12(2):157–62.

Armann, R., Jeffery, L., Calder, A. J., & Rhodes, G. (2011). Race-specific norms for coding face identity and a functional role for norms. Journal of Vision, 11(13), 9–9.

Astafiev, S. V., Stanley, C. M., Shulman, G. L., & Corbetta, M. (2004). Extrastriate body area in human occipital cortex responds to the performance of motor actions. Nature neuroscience, 7(5), 542–548.

Aviezer, H., Hassin, R. R., Ryan, J., Grady, C., Susskind, J., Anderson, A., ... & Bentin, S. (2008). Angry, disgusted, or afraid? Studies on the malleability of emotion perception. Psychological Science, 19(7), 724–732.

Aviezer, H., Trope, Y., & Todorov, A. (2012). Body cues, not facial expressions, discriminate between intense positive and negative emotions. Science, 338(6111), 1225–1229.

Barlow HB. (1972). Single units and sensation: a neuron doctrine for perceptual psychology. Perception 1:371–94.

Barrett, L. F., & Wager, T. D. (2006). The structure of emotion evidence from neuroimaging studies. Current Directions in Psychological Science, 15(2), 79–83.

Bartels, A. & Zeki, S. (2000). The neural basis of romantic love .Neurorcport , 11, 3829–3834.

Bartlett, J. C., & Searcy, J. (1993). Inversion and configuration of faces. *Cognitive psychology*, *25*(3), 281–316.

Beckage N. E.Hillgarth N., Wingfield J. C. (1997). Testosterone and immunosuppression in vertebrates: implications for parasite mediated sexual selection. In Parasites and pathogens (ed. Beckage N. E.). New

York, NY: Chapman & Hall.

Behrmann, M., & Avidan, G. (2005). Congenital prosopagnosia: face-blind from birth. Trends in cognitive sciences, 9(4), 180–187.Kress, T., & Daum, I. (2003). Developmental prosopagnosia: A review.Behavioural neurology, 14(3–4), 109–121.

Blair, R. J. R., Morris, J. S., Frith, C. D., Perrett, D. I., & Dolan, R. J. (1999). Dissociable neural responses to facial expressions of sadness and anger. Brain, 122(5), 883–893.

Blais, C., Jack, R. E., Scheepers, C., Fiset, D., & Caldara, R. (2008). Culture shapes how we look at faces. *PLoS One*, *3*(8), e3022.

Blakemore, C., & Cooper, G. F. (1970). Development of the brain depends on the visual environment.

Bowers, J. S. (2009). On the biological plausibility of grandmother cells: implications for neural network theories in psychology and neuroscience.Psychological review, 116(1), 220.

Bowers, R. I., Place, S. S., Todd, P. M., Penke, L., & Asendorpf, J. B. (2012). Generalization in mate-choice copying in humans. Behavioral Ecology, 23(1), 112–124.

Bradshaw, J. W. S., & Cook, S. E. (1996). Patterns of pet cat behaviour at feeding occasions. Applied Animal Behaviour Science, 47, 61–74.

Breiter, H. C., Etcoff, N. L., Whalen, P. J., Kennedy, W. A., Rauch, S. L., Buckner, R. L., ... & Rosen, B. R. (1996). Response and habituation of the human amygdala during visual processing of facial expression. Neuron, 17(5), 875–887.

Brigham, J. C., & Malpass, R. S. (1985). Differential recognition for faces of own– and other–race persons: What is the role of experience and contact? Journal of Social Issues, 41(3), 139–155.

Brooks R., Scott I., Makalov A., Kasumovic M., Clark A., Penton–Voak I. (2011). National income inequality predicts women's preferences for masculinized faces better than health does. Proc. R. Soc. B 278, 810–812.

Brown G. R., Fawcett T. W. (2005) Sexual selection: copycat mating in birds. Curr. Biol. 15, R626–R628.

Bruce V, Doyle T, Dench N, Burton M (1991) Remembering facialconfigurations. Cognition 38:109–144.

Bruce, V., & Young, A. (1986). Understanding face recognition. *British journal of psychology*, *77*(3), 305–327.

Bruce, V., Doyle, T., Dench, N., & Burton, M. (1991). Remembering facial configurations. Cognition, 38(2), 109–144.

Calder, A. J., & Young, A. W. (2005). Understanding the recognition of facial identity and facial expression. *Nature Reviews Neuroscience*, *6*(8), 641–651.

Calder, A. J., Burton, A. M., Miller, P., Young, A. W., & Akamatsu, S. (2001). A principal component analysis of facial expressions. Vision research, 41(9), 1179–1208.

Calder, A. J., Young, A. W., Keane, J., & Dean, M. (2000). Configural information in facial expression perception. *Journal of Experimental Psychology: Human perception and performance*, *26*(2), 527.

Calder, A. J., Young, A. W., Rowland, D., & Perrett, D. I. (1997). Computer–enhanced emotion in facial expressions. Proceedings of the Royal Society of London B: Biological Sciences, 264(1383), 919–925.

Carré, J. M., & McCormick, C. M. (2008). In your face: facial metrics predict aggressive behaviour in the laboratory and in varsity and professional hockey players. Proceedings of the Royal *Society of London B: Biological Sciences*, *275*(1651), 2651–2656.

Cash T. F., Kilcullen R. N. (1985). The eye of the beholder: susceptibility to sexism and beautyism in the evaluation of managerial applicants. J. Appl. Soc. Psychol. 15, 591–605.

Civile, C., McLaren, R. P., & McLaren, I. P. (2014). The face inversion effect—Parts and wholes: Individual features and their configuration. *The Quarterly Journal of Experimental Psychology*, *67*(4), 728–746.

Civile, C., McLaren, R., & McLaren, I. P. (2016). The Face Inversion Effect: Roles of First and Second–Order Configural Information. *The American Journal of Psychology*, *129*(1), 23–35.

Connor, C. E. (2005). Neuroscience: Friends and grandmothers. Nature,435(7045), 1036–1037.

Cornwell, R. E., & Perrett, D. I. (2008). Sexy sons and sexy daughters: the influence of parents' facial characteristics on offspring. Animal Behaviour, 76(6), 1843–1853.

Coss RG, Marks S, Ramakrishnan U. Early environment shapes the development of gaze aversion by wild bonnet macaques (Macaca radiata) Primates. 2002;43(3):217–222.

Cowan, N. (2001). Metatheory of storage capacity limits. Behavioral and brain sciences, 24(01), 154–176.

Cuaya, L. V., Hernández–Pérez, R., & Concha, L. (2016). Our Faces in the Dog's Brain: Functional Imaging Reveals Temporal Cortex Activation during Perception of Human Faces. *PloS one*, *11*(3), e0149431.

D'Angelo, G. J., Glasser, A., Wendt, M., Williams, G. A., Osborn, D. A., Gallagher, G. R., ... & Pardue, M. T. (2008). Visual specialization of an herbivore prey species, the white–tailed deer. Canadian Journal of Zoology, 86(7), 735–743.

Darwin, C. (1897). *The structure and distribution of coral reefs*. D. Appleton and company.

Darwin, C., Ekman, P., & Prodger, P. (1998). *The expression of the emotions in man and animals*. Oxford University Press, USA.

DeBruine L. M., Jones B. C., Crawford J. R., Welling L. L. M., Little A. C. (2010). The health of a nation predicts their mate preferences: cross–cultural variation in women's preferences for masculinized male faces. Proc. R. Soc. B 277, 2405–2410.

DeBruine, L. M., Jones, B. C., & Perrett, D. I. (2005). Women's attractiveness judgments of self–resembling faces change across the menstrual cycle. *Hormones and Behavior*, *47*(4), 379–383.

Dilks, D. D., Cook, P., Weiller, S. K., Berns, H. P., Spivak, M., & Berns, G. S. (2015). Awake fMRI reveals a specialized region in dog temporal cortex for face processing. *PeerJ*, *3*, e1115.

Dion K., Berscheid E., Walster E. (1972). What is beautiful is good. J. Pers. Soc. Psychol. 24, 285–290.

Donnelly, N., & Davidoff, J. (1999). The mental representations of faces and houses: Issues concerning parts and wholes. Visual Cognition, 6(3/4), 319–343.

Duchaine, B. C., Parker, H., & Nakayama, K. (2003). Normal recognition of emotion in a prosopagnosic. Perception, 32(7), 827–838.

Dufour V, Pascalis O, Petit O. Face processing limitation to own species in primates: a comparative study in brown capuchins, Tonkean macaques and humans 18. *Behavioural Processes*. 2006; 73(1): 107–113.

Eger, E., Schweinberger, S. R., Dolan, R. J., & Henson, R. N. (2005). Familiarity enhances invariance of face representations in human ventral visual cortex: fMRI evidence. *Neuroimage*, 26(4), 1128–1139.

Ekman, P. (1993). Facial expression and emotion. *American psychologist*, *48*(4), 384.

Ekman, P. (1994). Strong evidence for universals in facial expressions: a reply to Russell's mistaken critique.

Ekman, P. (1999). Facial expressions. *Handbook of cognition and emotion*, *16*, 301–20.

Ekman, P., & Friesen, W. V. (1969). The repertoire of nonverbal behavior: Categories, origins, usage, and coding.

Semiotica, *1*(1), 49–98.

Ekman, P., Friesen, W. V., & Ellsworth, P. (1972). Emotion in the human face: Guide–lines for research and an integration of findings: guidelines for research and an integration of findings. Pergamon.

Ekman, P., Friesen, W. V., O'Sullivan, M., Chan, A., Diacoyanni–Tarlatzis, I., Heider, K., ... & Scherer, K. (1987). Universals and cultural differences in the judgments of facial expressions of emotion. *Journal of personality and social psychology*, *53*(4), 712.

Ekman, P., Sorenson, E. R., & Friesen, W. V. (1969). Pan–cultural elements in facial displays of emotion. *Science*, *164*(3875), 86–88.

Elliot A. J., Niesta D. (2008). Romantic red: red enhances men's attraction to women. J. Pers. Soc. Psychol. 95, 1150–1164.

Engell, A. D., Todorov, A., and Haxby, J. V. (2010). Common neural mechanisms for the evaluation of facial trustworthiness and emotional expressions as revealed by behavioral adaptation. Perception 39, 931–941.

Epstein, R., & Kanwisher, N. (1998). A cortical representation of the local visual environment. Nature, 392(6676), 598–601.

Epstein, R., Harris, A., Stanley, D., & Kanwisher, N. (1999). The parahippocampal place area: Recognition, navigation, or encoding?. Neuron, 23(1), 115–125.

Ewing, L., Rhodes, G., & Pellicano, E. (2010). Have you got the look? Gaze direction affects judgements of facial attractiveness. Visual Cognition, 18(3), 321–330.

Fantz RL. Pattern vision in newborn infants. Science. 1963;140:296–297.)

Farah, M. J., Wilson, K. D., Drain, M., & Tanaka, J. N. (1998). What is "special" about face perception? *Psychological review*, *105*(3), 482.

Feinberg D. R., Jones B. C., Law–Smith M. J., Moore F. R., DeBruine L. M., Cornwell R. E., Hillier S. G., Perrett D. I. 2006 Menstrual cycle, trait estrogen level, and masculinity preferences in the human voice. Horm. Behav. 49, 215–222.

Felleman, D. J., & Van Essen, D. C. (1991). Distributed hierarchical processing in the primate cerebral cortex. Cerebral cortex, 1(1), 1–47.

Ferrari PF, Kohler E, Fogassi L, Gallese V. The ability to follow eye gaze and its emergence during development in macaque monkeys. Proceedings of the National Academy of Sciences of the United States of America. 2000;97(25):13997–14002.

Field, T.M., Woodson, R., Greenberg, R., & Cohen, D. (1982). Discrimination and imitation of facial expressions by neonates. *Science*, *218*, 179–181.

Fink, B., & Penton–Voak, I. (2002). Evolutionary psychology of facial attractiveness. *Current Directions in Psychological Science*, *11*(5), 154–158.

Fink, B., Grammer, K., & Matts, P. J. (2006). Visible skin color distribution plays a role in the perception of age, attractiveness, and health in female faces. Evolution and Human Behavior, 27(6), 433–442.

Folstad, I., & Karter, A. J. (1992). Parasites, bright males, and the immunocompetence handicap. *American Naturalist*, 603–622.

Fox, C. J., & Barton, J. J. (2007). What is adapted in face adaptation? The neural representations of expression in the human visual system. Brain research, 1127, 80–89.

Fox, C. J., Oruç, ipek, & Barton, J. J. S. (2008). It doesn't matter how you feel. The facial identity aftereffect is invariant to changes in facial expression. Journal of Vision, 8(3):11, 1–13, http://journalofvision.org/8/3/11/, doi:10.1167/8.3.11.

Freiwald, W. A., Tsao, D. Y., & Livingstone, M. S. (2009). A face feature space in the macaque temporal lobe. Nature neuroscience, 12(9), 1187–1196.

Gácsi, M., Miklósi, Á., Varga, O., Topál, J., & Csányi, V. (2004). Are readers of our face readers of our minds? Dogs (Canis familiaris) show situation–dependent recognition of human's attention. Animal Cognition 7, 144–153.

Galvan, M., & Vonk, J. (2016). Man's other best friend: domestic cats (F. silvestris catus) and their discrimination of human emotion cues. *Animal Cognition*, *19*(1), 193–205.

Gangestad S. W., Buss D. M. (1993). Pathogen prevalence and human mate preferences. Ethol. Sociobiol. 14, 89–96.

Gangestad, S. W., Thornhill, R., & Yeo, R. A. (1994). Facial attractiveness, developmental stability, and fluctuating asymmetry. *Ethology and Sociobiology*, *15*(2), 73–85.

Gauthier, I., & Tarr, M. J. (1997). Becoming a "Greeble" expert: Exploring mechanisms for face recognition. *Vision research*, *37*(12), 1673–1682.

Gauthier, I., Curby, K. M., Skudlarski, P., & Epstein, R. A. (2005). Individual differences in FFA activity suggest independent processing at different spatial scales. *Cognitive, Affective, & Behavioral Neuroscience*, *5*(2), 222–234.

Gauthier, I., Skudlarski, P., Gore, J. C., & Anderson, A. W. (2000). Expertise for cars and birds recruits brain areas involved in face recognition. Nature neuroscience, 3(2), 191–197.

Gauthier, I., Tarr, M. J., Anderson, A. W., Skudlarski, P., & Gore, J. C. (1999). Activation of the middle fusiform 'face area' increases with expertise in recognizing novel objects. Nature neuroscience, 2(6), 568–573.

Gendron, M., Roberson, D., Jm, V. D. V., & Barrett, L. F. (2014). Perceptions of emotion from facial expressions are not culturally universal: evidence from a remote culture..*Emotion*, *14*(2), 251–262.

Gobbini, M. I., & Haxby, J. V. (2006). Neural response to the visual familiarity of faces. Brain research bulletin, 71(1), 76–82.

Gobbini, M. I., & Haxby, J. V. (2007). Neural systems for recognition of familiar faces. *Neuropsychologia*, *45*(1), 32–41.

Gobbini, M. I., Leibenluft, E., Santiago, N., & Haxby, J. V. (2004). Social and emotional attachment in the neural representation of faces. *Neuroimage*, *22*(4), 1628–1635.

Goffaux, V., & Rossion, B. (2006). Faces are "spatial"—holistic face perception is supported by low spatial frequencies. *Journal of Experimental Psychology: Human Perception and Performance*, *32*(4), 1023.

Goffaux, V., Duecker, F., Hausfeld, L., Schiltz, C., & Goebel, R. (2016). Horizontal tuning for faces originates in high–level Fusiform Face Area. Neuropsychologia, 81, 1–11.

Gorno–Tempini, M. L., Price, C. J., Josephs, O., Vandenberghe, R., Cappa, S. F., Kapur, N., ... & Tempini, M. L. (1998). The neural systems sustaining face and proper–name processing. Brain, 121(11), 2103–2118.

Gosselin, F., & Schyns, P. G. (2001). Bubbles: a technique to reveal the use of information in recognition tasks. *Vision research*, *41*(17), 2261–2271.

Grill-Spector, K. Knouf, N., & Kanwisher, N. (2004). The fusiform face area subserves face detection and face identification, not generic within-category identification. Nature Neuroscience, 7, 555-62.

Grill-Spector, K., & Weiner, K. S. (2014). The functional architecture of the ventral temporal cortex and its role in categorization. Nature Reviews Neuroscience, 15(8), 536-548.

Gross, C. G. (2002). Genealogy of the "grandmother cell". The Neuroscientist, 8(5), 512-518.

Grüter T, Grüter M, Carbon CC (2008). "Neural and genetic foundations of face recognition and prosopagnosia". J Neuropsychol2 (1): 79-97

Haberman, J., & Whitney, D. (2007). Rapid extraction of mean emotion and gender from sets of faces. Current Biology, 17(17), R751-R753.

Haberman, J., & Whitney, D. (2009). Seeing the mean: ensemble coding for sets of faces. Journal of Experimental Psychology: Human Perception and Performance, 35(3), 718.

Haberman, J., & Whitney, D. (2010). The visual system discounts emotional deviants when extracting average expression. Attention, Perception, & Psychophysics, 72(7), 1825-1838.

Haberman, J., & Whitney, D. (2012). Ensemble perception: Summarizing the scene and broadening the limits of visual processing. From perception to consciousness: Searching with Anne Treisman, 339-349.

Haberman, J., Brady, T. F., & Alvarez, G. A. (2015). Individual differences in ensemble perception reveal multiple, independent levels of ensemble representation. Journal of Experimental Psychology: General, 144(2), 432.

Harberman, J., Harp, T., & Whitney, D. (2009). Averaging facial expression over time, Journal of Vision (2009) 9(11):1, 1-13

Harris, R. J., Young, A. W., & Andrews, T. J. (2012). Morphing between expressions dissociates continuous from categorical representations of facial expression in the human brain. Proceedings of the National Academy of Sciences, 109(51), 21164-21169.

Hasselmo, M. E., Rolls, E. T., & Baylis, G. C. (1989). The role of expression and identity in the face-selective responses of neurons in the temporal visual cortex of the monkey. Behavioural brain research, 32(3), 203-218.

Havlicek J., Roberts S. C., Flegr J. (2005). Women's preference for dominant male odour: effects of menstrual cycle and relationship status.

Haxby, J. V., & Gobbini, M. I. (2011). *Distributed neural systems for face perception* (pp. 93-110). The Oxford Handbook of Face Perception.

Hinde RA. Interactions, relationships and social structure. Man. 1976;11:1-17.

Hsu, S. M., & Young, A. (2004). Adaptation effects in facial expression recognition. Visual Cognition, 11(7), 871-899.

Huber E. Evolution of facial musculature and facial expresasion. London: Oxford University Press; 1931.

Huber, L., Racca, A., Scaf, B., Virányi, Z., & Range, F. (2013). Discrimination of familiar human faces in dogs (Canis familiaris). *Learning and motivation*, *44*(4), 258-269.

Humphreys, K., Avidan, G., & Behrmann, M. (2007). A detailed investigation of facial expression processing in congenital prosopagnosia as compared to acquired prosopagnosia. Experimental Brain Research, 176(2), 356-373.

Humphreys, K., Avidan, G., & Behrmann, M. (2007). A detailed investigation of facial expression processing in congenital prosopagnosia as compared to acquired prosopagnosia. *Experimental Brain Research*, *176*(2), 356–373.

Jack, R. E., Garrod, O. G., Yu, H., Caldara, R., & Schyns, P. G. (2012). Facial expressions of emotion are not culturally universal. *Proceedings of the National Academy of Sciences*, *109*(19), 7241–7244.

Jeffery, L., McKone, E., Haynes, R., Firth, E., Pellicano, E., & Rhodes, G. (2010). Four–to–six–year–old children use norm–based coding in face–space. *Journal of Vision*, 10(5), 18–18.

Jeffery, L., Read, A., & Rhodes, G. (2013). Four year–olds use norm–based coding for face identity. Cognition, 127(2), 258–263.

Johnston V.S, Hagel R, Franklin M, Fink B, Grammer K.(2001). Male facial attractiveness: evidence for a hormone–mediated adaptive design. Evol. Hum. Behav. 22, 251–267.

Jones B. C., DeBruine L. M., Little A. C., Feinberg D. R. (2007). The valence of experience with faces influences generalized preferences. J. Evol. Psychol. 5, 119–129.

Jones, B. C., DeBruine, L. M., Little, A. C., Burriss, R. P., & Feinberg, D. R. (2007). Social transmission of face preferences among humans. Proceedings of the Royal Society of London B: Biological Sciences, 274(1611), 899–903.

Jones, B. C., Little, A. C., Penton–Voak, I. S., Tiddeman, B. P., Burt, D. M., & Perrett, D. I. (2001). Facial symmetry and judgements of apparent health: support for a "good genes" explanation of the attractiveness–symmetry relationship. Evolution and human behavior, 22(6), 417–429.

Kampe, K. K., Frith, C. D., Dolan, R. J., & Frith, U. (2001). Psychology: Reward value of attractiveness and gaze. Nature, 413(6856), 589–589.

Kanwisher, N. (2000). Domain specificity in face perception. Nature neuroscience, 3, 759–763.

Kanwisher, N., & Yovel, G. (2006). The fusiform face area: a cortical region specialized for the perception of faces. Philosophical Transactions of the Royal Society of London B: Biological Sciences, 361(1476), 2109–2128.

Kanwisher, N., McDermott, J., & Chun, M. M. (1997). The fusiform face area: a module in human extrastriate cortex specialized for face perception. The Journal of Neuroscience, 17(11), 4302–4311.

Kanwisher, N., Tong, F., & Nakayama, K. (1998). The effect offace inversion on the human fusiform face area. Cognition,68, B1–B11.

Kardong, K. V. (2006). Vertebrates: comparative anatomy, function, evolution (No. QL805 K35 2006). Boston: McGraw–Hill.

Keefe, B. D., Dzhelyova, M., Perrett, D. I., & Barraclough, N. E. (2013). Adaptation improves face trustworthiness discrimination. Frontiers in psychology, 4.

Kendrick, K. M. (2008). Sheep senses, social cognition and capacity for consciousness. In *The welfare of sheep* (pp. 135–157). Springer Netherlands.

Kendrick, K. M., & Baldwin, B. A. (1987). Cells in temporal cortex of conscious sheep can respond preferentially to the sight of faces. *Science*, *236*(4800), 448–450.

Kendrick, K. M., & Baldwin, B. A. (1991). Single unit recording in the conscious sheep. *Methods in Neuroscience*, *2*, 3–14.

Kendrick, K. M., Atkins, K., Hinton, M. R., Broad, K. D., Fabre–Nys, C., & Keverne, B. (1995). Facial and vocal discrimination in sheep. *Animal Behaviour*, *49*(6), 1665–1676.

Kendrick, K. M., Atkins, K., Hinton, M. R., Heavens, P., & Keverne, B. (1996). Are faces special for sheep? Evidence from facial and object discrimination learning tests showing effects of inversion and social familiarity. *Behavioural processes*, *38*(1), 19–35.

Kendrick, K. M., da Costa, A. P., Leigh, A. E., Hinton, M. R., & Peirce, J. W. (2001). Sheep don't forget a face. *Nature*, *414*(6860), 165–166.

Keysers, C., Xiao, D., Földiák, P., & Perrett, D. I. (2001). The speed of sight. Cognitive Neuroscience, Journal of, 13(1), 90–101.

Keysers, C., Xiao, D., Földiák, P., & Perrett, D. I. (2001). The speed of sight. Cognitive Neuroscience, Journal of, 13(1), 90–101.

Kinomura, S., Kawashima, R., Yamada, K., Ono, S., Itoh, M., Yoshioka, S., ... & Goto, R. (1994). Functional anatomy of taste perception in the human brain studied with positron emission tomography. *Brain research*, *659*(1–2), 263–266.

Kobayashi, H., & Kohshima, S. (2001). Unique morphology of the human eye and its adaptive meaning: comparative studies on external morphology of the primate eye. Journal of human evolution, 40(5), 419–435.

Kobayashi, H., & Kohshima, S. (2008). Evolution of the human eye as a device for communication. In Primate origins of human cognition and behavior (pp. 383–401). Springer Japan.

Koffka, K. (1922). Perception: An introduction to the Gestalt–theorie. Psychological Bulletin, 19(10), 531–585.

Langlois, J. H., & Roggman, L. A. (1990). Attractive faces are only average.*Psychological science*, *1*(2), 115–121.

Langlois, J. H., Roggman, L. A., & Musselman, L. (1994). What is average and what is not average about attractive faces? *Psychological science*, *5*(4), 214–220.

Langlois, J. H., Roggman, L. A., & Rieser–Danner, L. A. (1990). Infants' differential social responses to attractive and unattractive faces. Developmental Psychology, 26(1), 153.

Leder, H., & Bruce, V. (2000). When inverted faces are recognized: The role of configural information in face recognition. The Quarterly Journal of Experimental Psychology: Section A, 53(2), 513–536.

Lee, A. J., & Zietsch, B. P. (2015). Women's pathogen disgust predicting preference for facial masculinity may be specific to age and study design. *Evolution and Human Behavior*, 36(4), 249–255.

Lee, E., Kang, J. I., Park, I. H., Kim, J. J., & An, S. K. (2008). Is a neutral face really evaluated as being emotionally neutral?. *Psychiatry Research*, *157*(1), 77–85.

Lee, K., Byatt, G., & Rhodes, G. (2000). Caricature effects, distinctiveness and identification: testing the face–space framework. Psychological Science, 11, 379–385.

Lefevre, C. E., Ewbank, M. P., Calder, A. J., Von Dem Hagen, E., & Perrett, D. I. (2013). It is all in the face: carotenoid skin coloration loses attractiveness outside the face. Biology letters, 9(6), 20130633.

Lefevre, C. E., Lewis, G. J., Perrett, D. I., & Penke, L. (2013). Telling facial metrics: facial width is associated with testosterone levels in men. Evolution and Human Behavior, 34(4), 273–279.

Leibenluft, E., Gobbini, M. I., Harrison, T., & Haxby, J. V. (2004). Mothers' neural activation in response to pictures of their children and other children. *Biological psychiatry*, *56*(4), 225–232.

Leopold D. A., O'Toole A. J., Vetter T., Blanz V. (2001). Prototype–referenced shape encoding revealed by high–level aftereffects. Nat. Neurosci. 4, 89–94.

Leopold, D. A., & Rhodes, G. (2010). A comparative view of face perception. *Journal of Comparative Psychology*, *124*(3), 233.

Levin, D. T. (2000). Race as a visual feature: using visual search and perceptual discrimination tasks to understand face categories and the cross-race recognition deficit. Journal of Experimental Psychology, 129, 559–574.

Lewis, M.B. & Johnston, R.A. (1997). The Thatcher Illusion as a test of configural disruption. Perception, 26, 225–227.

Light L. L., Hollander S., Kayra–Stuart F. (1981). Why attractive people are harder to remember. Pers. Soc. Psychol. B 7, 269–276.

Little A. C., Burt D. M., Penton–Voak I. S., Perrett D. I. 2001 Self–perceived attractiveness influences human female preferences for sexual dimorphism and symmetry in male faces. Proc. R. Soc. Lond. B 268, 39–44.

Little A. C., Mannion H. (2006). Viewing attractive or unattractive same–sex individuals changes self–rated attractiveness and face preferences in women. Anim. Behav. 72, 981–987.

Little, A. C., DeBruine, L. M., & Jones, B. C. (2005). Sex–contingent face after–effects suggest distinct neural populations code male and female faces. Proceedings of the Royal Society of London B: Biological Sciences,272(1578), 2283–2287.

Little, A. C., DeBruine, L. M., & Jones, B. C. (2013). Environment contingent preferences: Exposure to visual cues of direct male–male competition and wealth increase women's preferences for masculinity in male faces. Evolution and Human Behavior, 34(3), 193–200.

Little, A. C., Jones, B. C., & DeBruine, L. M. (2011). Facial attractiveness: evolutionary based research. Philosophical Transactions of the Royal Society of London B: Biological Sciences, 366(1571), 1638–1659.

Little, A. C., Jones, B. C., Feinberg, D. R., & Perrett, D. I. (2014). Men's strategic preferences for femininity in female faces. British Journal of Psychology, 105(3), 364–381.

Liu, J., Harris, A., & Kanwisher, N. (2010). Perception of face parts and face configurations: an fMRI study. Journal of Cognitive Neuroscience, 22(1), 203–211.

Loffler, G., Yourganov, G., Wilkinson, F., & Wilson, H. R. (2005). fMRI evidence for the neural representation of faces. Nature neuroscience, 8(10), 1386–1391.

Lomber, S. G., & Cornwell, P. (2005). Dogs, but not cats, can readily recognize the face of their handler. *Journal of Vision*, *5*(8), 49–49.

Lomber, S. G., Payne, B. R., Cornwell, P., & Long, K. D. (1996). Perceptual and cognitive visual functions of parietal and temporal cortices in the cat. *Cerebral Cortex*, *6*(5), 673–695.

Malatesta, C. Z., Fiore, M. J., & Messina, J. J. (1987). Affect, personality, and facial expressive characteristics of older people. *Psychology and aging*, *2*(1), 64.

Manning J. T., Scutt D., Lewis–Jones D. I. (1998). Developmental stability, ejaculate size, and sperm quality in men. Evol. Hum. Behav. 19, 273–282.

Manning J. T., Scutt D., Whitehouse G. H., Leinster S. J. (1997). Breast asymmetry and phenotypic quality in women. Evol. Hum. Behav. 18, 223–236.

Marr, D. (1982). Vision: A computational investigation into the human representation and processing of visual information. San Francisco: Freeman.

Matsumoto, D., & Ekman, P. (1989). American–Japanese cultural differences in intensity ratings of facial expressions of emotion. *Motivation and Emotion, 13*(2), 143–157.

Maurer, D., Le Grand, R., & Mondloch, C. J. (2002). The many faces of configural processing. *Trends in cognitive sciences*, *6*(6), 255–260.

McKeeff, T. J., Remus, D. A., & Tong, F. (2007). Temporal limitations in object processing across the human ventral visual pathway. Journal of Neurophysiology, 98(1), 382–393.

Miklósi Á, Polgárdi R, Topál J, Csányi V (1998) Use of experi– menter–given cues in dogs. Anim Cogn 1:113–121

Miklósi, Á., Kubinyi, E., Topál, J., Gácsi, M., Virányi, Z., & Csányi, V. (2003). A simple reason for a big difference: wolves do not look back at humans, but dogs do. *Current Biology*, *13*(9), 763–766.

Miklósi, Á., Pongrácz, P., Lakatos, G., Topál, J., & Csányi, V. (2005). A comparative study of the use of visual communicative signals in interactions between dogs (Canis familiaris) and humans and cats (Felis catus) and humans. *Journal of Comparative Psychology*, *119*(2), 179.

Mishkin, M., & Ungerleider, L. G. (1982). Contribution of striate inputs to the visuospatial functions of parieto–preoccipital cortex in monkeys. *Behavioural brain research*, *6*(1), 57–77.

Moller A. P. (1997). Developmental stability and fitness: a review. Am. Nat. 149, 916–932.

Mongillo, P., Bono, G., Regolin, L., & Marinelli, L. (2010). Selective attention to humans in companion dogs, Canis familiaris. *Animal Behaviour*, *80*(6), 1057–1063.

Morris, J. S., Frith, C. D., Perrett, D. I., Rowland, D., Young, A. W., Calder, A. J., & Dolan, R. J. (1996). A differential neural response in the human amygdala to fearful and happy facial expressions. *Nature*, *383*(6603), 812–815.

Morrison, D. J., & Schyns, P. G. (2001). Usage of spatial scales for the categorization of faces, objects, and scenes. *Psychonomic Bulletin & Review*, *8*(3), 454–469.

Moscovitch, M., Winocur, G., & Behrmann, M. (1997). What is special about face recognition? Nineteen experiments on a person with visual object agnosia and dyslexia but normal face recognition. Cognitive Neuroscience, Journal of, 9(5), 555–604.

Nagasawa, M., Murai, K., Mogi, K., & Kikusui, T. (2011). Dogs can discriminate human smiling faces from blank expressions. *Animal cognition*, *14*(4), 525–533.

Nakamura, K., Kawashima, R., Sato, N., Nakamura, A., Sugiura, M., Kato, T., ... & Zilles, K. (2000). Functional delineation of the human occipito–temporal areas related to face and scene processing. Brain, 123(9), 1903–1912.

Nestor, A., Behrmann, M., & Plaut, D. C. (2012). The neural basis of visual word form processing: a multivariate investigation. Cerebral Cortex, bhs158.

Nishimura, M., Maurer, D., Jeffery, L., Pellicano, E., & Rhodes, G. (2008). Fitting the child's mind to the world: adaptive norm - based coding of facial identity in 8 - year - olds. Developmental science, 11(4), 620–627.

O'Doherty J., Winston J., Critchley H., Perrett D., Burt D. M., Dolan R. J. (2003). Beauty in a smile: the role of medial orbitofrontal cortex in facial attractiveness. Neuropsychologia 41, 147–155.

Okamoto–Barth, S.; Tomonaga, M. (2006). “Development of Joint Attention in Infant Chimpanzees”. In Tanaka, M. Cognitive Development in Chimpanzees. Spinger–Verlag. pp.

Ossowski, A., & Behrmann, M. (2015). Left hemisphere specialization for word reading potentially causes, rather than results from, a left lateralized bias for high spatial frequency visual information. *Cortex*, *72*, 27–39.

O'Toole, A. J., Price, T., Vetter, T., Bartlett, J. C., & Blanz, V. (1999). 3D shape and 2D surface textures of human faces: The role of "averages" in attractiveness and age. Image and Vision Computing, 18(1), 9–19.

P. Ekman and W. Friesen. Facial Action Coding System: A Technique for the Measurement of Facial Movement. Consulting Psychologists Press, Palo Alto, 1978.

Palermo, R., Willis, M. L., Rivolta, D., McKone, E., Wilson, C. E., & Calder, A. J. (2011). Impaired holistic coding of facial expression and facial identity in congenital prosopagnosia. Neuropsychologia, 49(5), 1226–1235.

Parish, D. H., & Sperling, G. (1991). Object spatial frequencies, retinal spatial frequencies, noise, and the efficiency of letter discrimination. *Vision research*, *31*(7), 1399–1415.

Parr L. The Discrimination of Faces and Their Emotional Content by Chimpanzees (Pan troglodytes) Annals of the New York Academy of Sciences. 2003;1000(1):56–78.

Parr LA, de Waal FB. Visual kin recognition in chimpanzees. Nature. 1999; 399(6737): 647–648.

Parr LA, Heintz M, Akamagwuna U. Three studies on configural face processing by chimpanzees 21. Brain and Cognition. 2006;62(1):30–42.

Parr LA, Winslow JT, Hopkins WD, de Waal FB. Recognizing facial cues: individual discrimination by chimpanzees (Pan troglodytes) and rhesus monkeys (Macaca mulatta) Journal of Comparative Psychology. 2000;114(1):47–60.

Parr, L. A. (2011). The evolution of face processing in primates. Philosophical Transactions of the Royal Society of London B: Biological Sciences,366(1571), 1764–1777.

Peirce, J. W., Leigh, A. E., & Kendrick, K. M. (2000). Configurational coding, familiarity and the right hemisphere advantage for face recognition in sheep.*Neuropsychologia*, *38*(4), 475–483.

Peirce, J. W., Leigh, A. E., & Kendrick, K. M. (2001). Human face recognition in sheep: lack of configurational coding and right hemisphere advantage.Behavioural *Processes*, *55*(1), 13–26.

Penton–Voak, I. S., & Chen, J. Y. (2004). High salivary testosterone is linked to masculine male facial appearance in humans. *Evolution and Human Behavior*, *25*(4), 229–241.

Penton–Voak, I. S., & Perrett, D. I. (2000). Female preference for male faces changes cyclically: Further evidence. *Evolution and Human Behavior*, *21*(1), 39–48.

Penton–Voak, I. S., Perrett, D. I., & Peirce, J. W. (1999). Computer graphic studies of the role of facial similarity in judgements of attractiveness. *Current Psychology*, *18*(1), 104–117.

Penton–Voak, I. S., Perrett, D. I., Castles, D. L., Kobayashi, T., Burt, D. M., Murray, L. K., & Minamisawa, R. (1999). Menstrual cycle alters face preference. *Nature*, *399*(6738), 741–742.

Perrett, D. I., Burt, D. M., Penton–Voak, I. S., Lee, K. J., Rowland, D. A., & Edwards, R. (1999). Symmetry and human facial attractiveness. *Evolution and human behavior*, *20*(5), 295–307.

Perrett, D. I., Hietanen, J. K., Oram, M. W., Benson, P. J., & Rolls, E. T. (1992). Organization and functions of cells responsive to faces in the temporal cortex [and discussion]. Philosophical Transactions of the Royal Society of London B: Biological Sciences, 335(1273), 23–30.

Perrett, D. I., Hietanen, J. K., Oram, M. W., Benson, P. J., & Rolls, E. T. (1992). Organization and functions of cells responsive to faces in the temporal cortex [and discussion]. Philosophical Transactions of the Royal Society of London B: Biological Sciences, 335(1273), 23–30.

Perrett, D. I., Lee, K. J., Penton-Voak, I., Rowland, D., Yoshikawa, S., Burt, D. M., ... & Akamatsu, S. (1998). Effects of sexual dimorphism on facial attractiveness. *Nature, 394*(6696), 884–887.

Perrett, D. I., May, K. A., & Yoshikawa, S. (1994). Facial shape and judgements of female attractiveness. *Nature, 368*(6468), 239–242.

Perrett, D. I., Oram, M. W., Harries, M. H., Bevan, R., Hietanen, J. K., Benson, P. J., & Thomas, S. (1991). Viewer-centred and object-centred coding of heads in the macaque temporal cortex. *Experimental Brain Research, 86*(1), 159–173.

Perrett, D. I., Rolls, E. T., & Caan, W. (1982). Visual neurones responsive to faces in the monkey temporal cortex. *Experimental brain research, 47*(3), 329–342.

Perrett, D. I., Smith, P. A. J., Potter, D. D., Mistlin, A. J., Head, A. S., Milner, A. D., & Jeeves, M. A. (1985). Visual cells in the temporal cortex sensitive to face view and gaze direction. Proceedings of the Royal Society of London B: Biological Sciences, 223(1232), 293–317.

Perrett, D. I., Smith, P. A., Potter, D. D., Mistlin, A. J., Head, A. S., Milner, A. D., & Jeeves, M. A. (1984). Neurones responsive to faces in the temporal cortex: studies of functional organization, sensitivity to identity and relation to perception. Human neurobiology, 3(4), 197–208.

Pessoa, L., & Adolphs, R. (2010). Emotion processing and the amygdala: from a'low road' to 'many roads' of evaluating biological significance. Nature Reviews Neuroscience, 11(11), 773–783.

Phillips, M. L., Young, A. W., Senior, C., Brammer, M., Andrew, C., Calder, A. J., ... & Gray, J. A. (1997). A specific neural substrate for perceiving facial expressions of disgust. *Nature, 389*(6650), 495–498.

Pitcher, D., Duchaine, B., Walsh, V., Yovel, G., & Kanwisher, N. (2011). The role of lateral occipital face and object areas in the face inversion effect.*Neuropsychologia, 49*(12), 3448–3453.

Pitcher, D., Walsh, V., Yovel, G., & Duchaine, B. (2007). TMS evidence for the involvement of the right occipital face area in early face processing. Current Biology, 17(18), 1568–1573.

Potter, M. C., Wyble, B., Hagmann, C. E., & McCourt, E. S. (2014). Detecting meaning in RSVP at 13 ms per picture. Attention, Perception, & Psychophysics, 76(2), 270–279.

Quiroga, R. Q., Kreiman, G., Koch, C., & Fried, I. (2008). Sparse but not 'grandmother-cell' coding in the medial temporal lobe. Trends in cognitive sciences, 12(3), 87–91.

Quiroga, R. Q., Reddy, L., Kreiman, G., Koch, C., & Fried, I. (2005). Invariant visual representation by single neurons in the human brain. Nature,435(7045), 1102–1107.

Racca, A., Amadei, E., Ligout, S., Guo, K., Meints, K., & Mills, D. (2010). Discrimination of human and dog faces and inversion responses in domestic dogs (Canis familiaris). *Animal cognition, 13*(3), 525–533.

Rees, G., Kreiman, G., & Koch, C. (2002). Neural correlates of consciousness in humans. Nature Reviews Neuroscience, 3(4), 261–270.

Rhodes G., Zebrowitz L. A., Clark A., Kalick S. M., Hightower A., McKay R. 2001 Do facial averageness and symmetry signal health? Evol. Hum. Behav. 22, 31–46.

Rhodes, G. (1998). Recognition of own-race and other-race caricatures: implications for models of face recognition. Vision Research, 38, 2455–2468.

Rhodes, G. (2006). The evolutionary psychology of facial beauty. Annu. Rev. Psychol., 57, 199–226.

Rhodes, G. (2013). Looking at faces: First-order and second-order features as determinants of facial appearance.

Perception, 42(11), 1179–1199.

Rhodes, G., & Jeffery, L. (2006). Adaptive norm–based coding of facial identity. Vision research, *46*(18), 2977–2987.

Rhodes, G., Brake, S., & Atkinson, A. P. (1993). What's lost in inverted faces?. *Cognition*, 47(1), 25–57.

Rhodes, G., Brake, S., Taylor, K., & Tan, S. (1989). Expertise and configural coding in face recognition. British Journal of Psychology, 80(3), 313–331.

Rhodes, G., Leopold, D. A., Calder, A. J., & Rhodes, G. (2011). Adaptive norm–based coding of face identity. The Oxford handbook of face perception, 263–286.

Rhodes, G., Robbins, R., Jaquet, E., McKone, E., Jeffery, L., & Clifford, C. W. (2005). Adaptation and face perception: How aftereffects implicate norm–based coding of faces. Fitting the mind to the world: Adaptation and after–effects in high–level vision, 213–240.

Rhodes, G., Simmons, L. W., & Peters, M. (2005). Attractiveness and sexual behavior: Does attractiveness enhance mating success? Evolution and human behavior, 26(2), 186–201.

Rhodes, G., Yoshikawa, S., Clark, A., Lee, K., McKay, R., & Akamatsu, S. (2001). Attractiveness of facial averageness and symmetry in non–Western cultures: In search of biologically based standards of beauty. *Perception*, *30*(5), 611–625.

Rotshtein, P., Vuilleumier, P., Winston, J., Driver, J., & Dolan, R. (2007). Distinct and convergent visual processing of high and low spatial frequency information in faces. *Cerebral Cortex*, 17(11), 2713–2724.

Rowland, D. A., and Perrett, D. I. (1995). Manipulating facial appearance through shape and color. IEEE Comput. Graph. Appl. 15, 70–76. doi: 10.1109/38.403830

Rozin, P., Haidt, J., & McCauley, C. R. (2008). Disgust.

Russell, J. A. (1994). Is there universal recognition of emotion from facial expressions? A review of the cross–cultural studies. *Psychological bulletin*, *115*(1), 102.

Russell, J. A. (1995). Facial expressions of emotion: What lies beyond minimal universality?. *Psychological bulletin*, *118*(3), 379.

Russell, J. A. (2003). Core affect and the psychological construction of emotion. *Psychological review*, *110*(1), 145.

Sadeh, B., & Yovel, G. (2010). Why is the N170 enhanced for inverted faces? An ERP competition experiment. *Neuroimage*, *53*(2), 782–789.

Said, C. P., Baron, S. G., & Todorov, A. (2009). Nonlinear amygdala response to face trustworthiness: contributions of high and low spatial frequency information. *Journal of cognitive neuroscience*, *21*(3), 519–528.

Saito, A., & Shinozuka, K. (2013). Vocal recognition of owners by domestic cats (Felis catus). *Animal cognition*, *16*(4), 685–690.

Schyns, P. G., & Oliva, A. (1999). Dr. Angry and Mr. Smile: When categorization flexibly modifies the perception of faces in rapid visual presentations. *Cognition*, *69*(3), 243–265.

Shreve, K. R. V., & Udell, M. A. (2015). What's inside your cat's head? A review of cat (Felis silvestris catus) cognition research past, present and future. *Animal cognition*, *18*(6), 1195–1206.

Sigall, H., & Ostrove, N. (1975). Beautiful but dangerous: Effects of offender attractiveness and nature of the crime on juridic judgment. *Journal of Personality and Social Psychology*, *31*(3), 410.

Singer, T., Seymour, B., O'Doherty, J., Kaube, H., Dolan, R. J., & Frith, C. D. (2004). Empathy for pain involves the affective but not sensory components of pain. *Science*, *303*(5661), 1157–1162.

Smith F. G., Jones B. C., Welling L. L. W., Little A. C., Vukovic J., Main J. C., DeBruine L. M. 2009 Waist–hip ratio predicts women's preferences for masculine male faces, but not perceptions of men's trustworthiness. Pers. *Indiv. Differ. 47*, 476–480.

Smith, M. L., Cottrell, G. W., Gosselin, F., & Schyns, P. G. (2005). Transmitting and decoding facial expressions. *Psychological science*, *16*(3), 184–189.

Stephen, I. D., Coetzee, V., & Perrett, D. I. (2011). Carotenoid and melanin pigment coloration affect perceived human health. *Evolution and Human Behavior*, *32*(3), 216–227.

Stephen, I. D., Coetzee, V., Smith, M. L., & Perrett, D. I. (2009). Skin blood perfusion and oxygenation colour affect perceived human health. *PLoS One*, *4*(4), e5083.

Sutherland, C. A., Oldmeadow, J. A., Santos, I. M., Towler, J., Burt, D. M., & Young, A. W. (2013). Social inferences from faces: Ambient images generate a three–dimensional model. *Cognition*, *127*(1), 105–118.

Swartz KB. What is mirror self–recognition in nonhuman primates, and what is it not? Annals of the New York Academy of Sciences.

Sweeny, T. D., & Whitney, D. (2014). Perceiving crowd attention ensemble perception of a crowd's gaze. *Psychological science*, 0956797614544510.

Tanaka, J. W., & Farah, M. J. (1993). Parts and wholes in face recognition.The *Quarterly journal of experimental psychology*, *46*(2), 225–245.

Tanaka, J. W., Kiefer, M., & Bukach, C. M. (2004). A holistic account of the own–race effect in face recognition: Evidence from a cross–cultural study. Cognition, 93, B1–B9.

Tarr, M. J., & Gauthier, I. (2000). FFA: a flexible fusiform area for subordinate–level visual processing automatized by expertise. *Nature neuroscience*, 3, 764–770.

Tate, A. J., Fischer, H., Leigh, A. E., & Kendrick, K. M. (2006). Behavioural and neurophysiological evidence for face identity and face emotion processing in animals. *Philosophical Transactions of the Royal Society of London B: Biological Sciences*, *361*(1476), 2155–2172.

Taubert, J., Apthorp, D., Aagten–Murphy, D., & Alais, D. (2011). The role of holistic processing in face perception: Evidence from the face inversion effect. Vision research, 51(11), 1273–1278.

Thornhill R., Gangestad S. W. (2006). Facial sexual dimorphism, developmental stability, and susceptibility to disease in men and women. Evol. Hum. Behav. 27, 131–144.

Tipples, J., Atkinson, A. P., & Young, A. W. (2002). The eyebrow frown: a salient social signal. Emotion, 2(3), 288.

Todorov, A., Baron, S. G., & Oosterhof, N. N. (2008). Evaluating face trustworthiness: a model based approach. *Social cognitive and affective neuroscience*, nsn009.

Todorov, A., Gobbini, M. I., Evans, K. K., & Haxby, J. V. (2007). Spontaneous retrieval of affective person knowledge in face perception. *Neuropsychologia*, *45*(1), 163–173.

Todorov, A., Mandisodza, A.N., Goren, A., Hall, C.C. (2005). Inferences of competence from faces predict election outcomes. Science, 308, 1623–6.

Todorov, A., Said, C. P., Engell, A. D., & Oosterhof, N. N. (2008). Understanding evaluation of faces on social dimensions. *Trends in cognitive sciences*, *12*(12), 455–460.

Tomonaga M. Visual search for orientation of faces by a chimpanzee (Pan troglodytes): face-specific upright superiority and the role of facial configural properties. Primates. 2007;48(1):1–12.

Tracy, J. L., & Beall, A. T. (2011). Happy guys finish last: the impact of emotion expressions on sexual attraction. Emotion, 11(6), 1379.

Tranel, D., Damasio, A. R., & Damasio, H. (1988). Intact recognition of facial expression, gender, and age in patients with impaired recognition of face identity. *Neurology*, *38*(5), 690–690.

Tranel, D., Damasio, A.R., & Damasio, H. (1995). Double dissociation between overt and covert recognition. *Journal of Cognitive Neurosciences*, 7 , 425 – 432.

Tybur, J. M., Lieberman, D., & Griskevicius, V. (2009). Microbes, mating, and morality: individual differences in three functional domains of disgust.Journal of personality and social psychology, 97(1), 103.

Udell, M. A., & Wynne, C. D. (2008). A REVIEW OF DOMESTIC DOGS'(CANIS FAMILIARIS) HUMAN - LIKE BEHAVIORS: OR WHY BEHAVIOR ANALYSTS SHOULD STOP WORRYING AND LOVE THEIR DOGS. *Journal of the experimental analysis of behavior*, *89*(2), 247–261.

Ulbaek, I. (1998). The origin of language and cognition. In J. R. Hurford, M. Studdert-Kennedy and C. D. Knight (eds), Approaches to the evolution of language: social and cognitive bases. Cambridge: Cambridge University Press, pp. 30–43.

Uller T., Johansson L. C. (2003). Human mate choice and the wedding ring effect: are married men more attractive? Hum. Nat.-Interdiscip. Biosoc. Perspect. 14, 267–276.

Ungerleider, L. G. (1982). Two cortical visual systems. Analysis of visual behavior, 549–586.

Valentine, T. (1991). A unified account of the effects of distinctiveness, inversion, and race in face recognition. The Quarterly Journal of Experimental Psychology, 43(2), 161–204.

Van den Stock, J., Righart, R., & De Gelder, B. (2007). Body expressions influence recognition of emotions in the face and voice. Emotion, 7(3), 487.

Vermeulen, N., Godefroid, J., & Mermillod, M. (2009). Emotional modulation of attention: fear increases but disgust reduces the attentional blink. *PLoS One*, *4*(11), e7924.

Vuilleumier, P., Armony, J. L., Driver, J., & Dolan, R. J. (2001). Effects of attention and emotion on face processing in the human brain: an event-related fMRI study. *Neuron*, *30*(3), 829–841.

Vuilleumier, P., Armony, J. L., Driver, J., & Dolan, R. J. (2003). Distinct spatial frequency sensitivities for processing faces and emotional expressions.*Nature neuroscience*, *6*(6), 624–631.

Webster, M. A., & MacLeod, D. I. (2011). Visual adaptation and face perception. Philosophical Transactions of the Royal Society of London B: Biological Sciences, 366(1571), 1702–1725.

Webster, M. A., Kaping, D., Mizokami, Y., & Duhamel, P. (2004). Adaptation to natural facial categories. Nature, 428(6982), 557–561.

Welling, L. L., Singh, K., Puts, D. A., Jones, B. C., & Burriss, R. P. (2013). Self-reported sexual desire in homosexual men and women predicts preferences for sexually dimorphic facial cues. Archives of sexual behavior, 42(5), 785–791.

Whalen, P. J., Kagan, J., Cook, R. G., Davis, F. C., Kim, H., Polis, S., ... & Johnstone, T. (2004). Human amygdala responsivity to masked fearful eye whites. Science, 306(5704), 2061–2061.

Whitehead, R. D., Re, D., Xiao, D., Ozakinci, G., & Perrett, D. I. (2012). You are what you eat: within-subject increases in fruit and vegetable consumption confer beneficial skin-color changes. PLoS One, 7(3), e32988.

Willis, J., & Todorov, A. (2006). First impressions making up your mind after a 100-ms exposure to a face. *Psychological science*, *17*(7), 592–598.

Wincenciak, J., Dzhelyova, M. P., Perrett, D. I., and Barraclough, N. E. (2013). Adaptation to facial trustworthiness is different in female and male observers. Vis. Res. doi: 10.1016/j.visres.2013.05.007.

Winkielman, P., Halberstadt, J., Fazendeiro, T., & Catty, S. (2006). Prototypes are attractive because they are easy on the mind. *Psychological science*, *17*(9), 799–806.

Winston, J. S., Henson, R. N. A., Fine-Goulden, M. R., & Dolan, R. J. (2004). fMRI-adaptation reveals dissociable neural representations of identity and expression in face perception. *Journal of neurophysiology*, *92*(3), 1830–1839.

Woodhead, Z. V. J., Wise, R. J. S., Sereno, M., & Leech, R. (2011). Dissociation of sensitivity to spatial frequency in word and face preferential areas of the fusiform gyrus. *Cerebral Cortex*, bhr008.

Wu HM, Holmes WG, Medina SR, Sackett GP. Kin preference in infant Macaca nemestrina. Nature. 1980;285(5762):225–227.

Xu, H., Dayan, P., Lipkin, R. M., & Qian, N. (2008). Adaptation across the cortical hierarchy: Low-level curve adaptation affects high-level facial-expression judgments. *The Journal of neuroscience*, *28*(13), 3374–3383.

Yaxley, S., Rolls, E. T., & Sienkiewicz, Z. J. (1988). The responsiveness of neurons in the insular gustatory cortex of the macaque monkey is independent of hunger. *Physiology & behavior*, *42*(3), 223–229.

Yin, R. K. (1969). Looking at upside-down faces. *Journal of experimental psychology*, *81*(1), 141.

Ying, H., &Xu, H. (in press). Adaptation revealed facial expression averaging during Rapid Serial Visual Presentation. *Journal of Vision*.

Young, A. W., Hellawell, D., & Hay, D. C. （1987）. Configurational information in face perception. *Perception*, *42*(11), 1166–1178.

Young, A. W., Newcombe, F., de Haan, E. H., & Hay, D. C. (1993). Face perception after brain injury. Brain, 116(4), 941–959.

Yovel, G., & Kanwisher, N. (2005). The neural basis of the behavioral face-inversion effect. *Current Biology*, *15*(24), 2256–2262.

Zajonc R. B. (2001). Mere exposure: a gateway to the subliminal. Curr. Dir. Psychol. 10, 224–228.

Zhang, J., Liu, J., & Xu, Y. (2015). Neural decoding reveals impaired face configural processing in the right fusiform face area of individuals with developmental prosopagnosia. *The Journal of Neuroscience*, *35*(4), 1539–1548.

Zuckerman, M., Lipets, M. S., Koivumaki, J. H., & Rosenthal, R. (1975). Encoding and decoding nonverbal cues of emotion. *Journal of Personality and Social Psychology*, *32*(6), 1068.

结 语

整本书就在这里结束了。我最希望每一位读者都可以带走这一句话：我们每一个人都是看脸的高手。我们对于面孔的识别和判断，不应只是一个心血来潮的“新计划”，而是人类进化过程中的一个适应器：为了更好地生存，我们需要有判断清楚周围人的能力，也需要有能力选择正确的对象交流合作，避开不适合的对象。虽然单纯依靠面孔判断他人是鲁莽的，单从面孔就歧视他人的行为是粗鲁的，但是我们感受到面孔所传递的信息并不是无序的信息，而是能够反映一些潜藏特征的指示器。

阅读面孔并非人类独享的能力，我们身边的好朋友狗狗们也可以做到。同时，我们每个人在识别面孔上或许有极大的差异。可以说差异和共性并存，尤其是在各种社会特征之上，生活的经验和经历对我们影响非常之大，所以阅读面孔是一件很私人的事情，哪怕你和大多数人不同都不是问题。我希望你看完这本书能够获得知识的体验，而不是某种烦恼和困扰。我们每个人都是阅读面孔的高手，不要担心。我也希望，大家能够更加关注面孔识别的能力，也能够关注因为各种障碍所导致的面孔失认症。总而言之，在看脸的世界里，希望大家能够愉快地但不是偏见性地看脸吧！面孔的判断虽然快速，但是难免有偏见，所以你看的同时不要忘记结合对方的声誉、行为等等一切判断，综合判断、整体识别永远是个好方法。

现在有越来越多的学者加入面孔的研究，这一研究取向越来越繁盛。在不久的将来，我希望能够把书中未能涉及的领域一一向你阐述，尤其是关于面孔的魅力、信赖程度等等社会特征。也希望在那时，我的阅历和能力足以准确地传达所有科学发现，还能为你理出一条清晰的脉络。

在结语中不光需要总结整本书的内容，我也想稍微总结一下我的心情。其实这本书我不该这么早写出来。首先，是因为我在学术上造诣不足，难免对于概念有理解的偏差，也会因为经验的缺失难以把握住大的方向；不过我用最大的精力保证最大程度的精确。其次，经典的学术专著都是我所敬仰的大师在学术生涯后期的总结之作，和他们相比我只能感觉到渺小。但是既然写，我就希望能写好，至少在精确性上，我尽了最大可能保证转述精确。希望大家读得愉快，也希望大家不吝赐教。写作时，我时时刻刻会紧张和担心，写完之后甚至没有如释重负之感，反而更加想努力搞科研，又有哪一位科研工作者不想要拼尽全力呢?

我在写这本书时，受到的最大的激励是来自David Perrett教授，以及他的精彩研究。尽管他不是我的导师，却是我硕士导师们年轻时的导师。我依然记得第一次与他见面的每一个瞬间，我也依然记得他在我学术工作中遇到挫折和感到迷茫时的激励。千言万语都难以表达我对他的敬仰和感谢，在此我想对他表示我最为真挚的敬意。

当然，我不能忘记伴随我一路走来的所有导师，以及他们的支持，没有他们就没有现在的我，我感谢他们所有人。其中我最想感谢我的硕士导师Lisa DeBruine，是他将我引上了面孔研究的道路，我依然能够记得几年前一个上午我们的第一次见面，那半小时的对话改变了我的一生。

在写这本书的几个月内，我几乎把所有精力(除开科研工作)花在了查阅文章和写作中。以至于无暇顾及生活中很多事情，甚至没有和很多朋友保持良好的互动，乃至错过和失去一些机会和体验。心中会有高兴和快乐，也会有难过和悲伤，但是这一切不就是年轻的美好吗？希望所有人都能在科研、生活、工作中顺利，倘若我能够在科研的道路上继续前进，我们还会在科研的前沿处再相见。

徜徉在学术之中，站在巨人的肩膀上眺望人类智慧的边界，都给了我无限的能量和支持。所以每一篇我引用的科研文章都对我产生了无限的支持。不光是他们，我又怎么能忘记身边的朋友呢？他们也给了我无限的支持和鼓励。感谢我实验室的每一位朋友，感谢我身边的每一位朋友，每一位在学术中支持我和鼓励我的朋友和同事，还有为书稿提出宝贵意见的朋友们，甚至感谢在出版过程中认识的新朋友。他们之中我尤其想感谢Amanda、Claire、

Chengyang、Daisy、Feitong、Hongyi、Joanna、Ruyuan、Tina、刘柯，还有Chloe。感谢你们所有人。

最后祝你身体健康，再见。

I will arise and go now，and go to Innisfree.– Yeats

To the centre of the city where all roads meet，waiting for you. –Ian Curtis

华沙

于2016年初夏